·黑龙江省自然科学基金联合引导项目：
张广才岭生态区啮齿动物食物资源利用模式对农林植物的影响（SS2021C006）

·黑龙江省省属高等学校基本科研业务费科研项目：
张广才岭生态区农林鼠害监测与危害防控研究（1451PT007）

张广才岭森林啮齿动物
分散贮食行为与策略

李殿伟◎著

中国农业出版社
北　京

目 录 CONTENTS

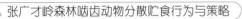

第一章
啮齿动物贮食行为研究

　　啮齿动物与植物种子之间的相互作用是陆地生态系统中的一个关键过程，亦是国内外学者一直关注的热点问题之一[①]。在中国东北地区温带森林生态系统中，一方面，啮齿动物作为初级消费者是植物种子的主要取食者，由此引起的种子死亡将影响植物的繁衍、群落的物种组成和分布格局；另一方面，啮齿动物又扮演着扩散者的角色，许多植物依赖其分散贮食行为实现种子扩散，避免母树附近的密度制约性死亡，因此，啮齿动物的分散贮食行为决定着植物的分布和存活，改变了植物的生存模式，拓展了植物空间分布，有利于植被的自然更新和森林的恢复[②]。

　　探讨啮齿动物对植物种子的贮食生境与扩散机制，有助于进一步阐述同域分布物种的共存机制，辨识啮齿动物在森林更新中的地位；探究啮齿动物与植物种子的相互关系，有助于进一步分析动、植物间协同进化的规律，阐明生态系统演替及其组分之间的关系。因此，啮齿动物传播植物种子的过程、途径及其对扩散后种子命运的影响是研究的核心问题，探讨动、植物之间的协同

---

　　① WALL S B V. Food hoarding in animals [M]. Chicago：University of Chicago Press，1990.

　　② WALL S B V. The evolutionary ecology of nut dispersal [J]. The Botanical Review，2001，67（1）：74-117.

进化是研究的热点问题。

黑龙江省东南部的张广才岭林区，是目前我国东北地区生态环境保持良好、同纬度地区森林生态系统生物多样性最为丰富的地区之一，更是重要的天然种子库。选择该林区温带森林生态系统内的啮齿动物和代表性森林树种为研究对象，系统探究主要啮齿动物对植物种子的取食、贮藏、扩散及种子命运，深入分析主要啮齿动物相关行为与种子之间的相互作用，有利于进一步阐明啮齿动物爆发与崩溃机理，为提出森林鼠害的防治对策奠定基础，为我国东北地区重点国有林区森林生态系统全面恢复提供科学依据。

第一节　啮齿动物贮食行为概况

一、贮食行为

贮食行为是动物取食活动的一种特殊形式，食物贮藏可简单地定义为动物为了将来的利用而对食物进行处理。动物在资源丰盛时并不立即食用采集的食物（种子）而是将其贮藏起来，以便于调节食物在时间和空间上的分布；在资源短缺时再食用这些食物，以便于自身顺利渡过食物匮乏期，或者为繁殖后代等生命活动储备食物和能量。贮食行为是进化过程中动物为应对食物短缺期而产生的一种重要的生存适应性行为，归属于动物的一种特化的取食行为[①]。这种适应对策能够调节食物在时间和空间上的分布格局与丰富度，有利于动物利用贮藏的资源来保障食物短缺时期的生存或繁殖活动。

在森林生态系统中，许多动物都以植物种子为主要食物资源，为适应自然环境下食物资源时空分布的不均衡性，动物形成

---

① 蒋志刚. 动物贮食行为及其生态意义 ［J］. 动物学杂志，1996 (3)：47 - 49.

明显的贮食行为。在因季节性变化而冬季环境严酷的高纬度地区，贮食能有效节约觅食时间和能量消耗，因而动物普遍具有贮食习性，贮藏食物对其顺利越冬至关重要①。啮齿动物贮食行为的研究主要涉及对种子和果实的选择、搬运、埋藏，以及对种子和幼苗存活的影响。

1. 具有贮食行为的动物

在自然界中，具有贮食行为的动物种类很多，在各个陆生动物类群中均存在，现已发现上百种动物具有贮食习性。贮食动物是各种森林生态系统中许多树种种子传播的关键载体，尤其对于较大的树木种子，啮齿动物和鸟类是主要的取食者和扩散者。

啮齿动物往往主导着森林再生的局部动态，成为森林生态系统中重要的种子扩散者。在动物贮食行为研究中，研究啮齿动物的成果较多，关于啮齿动物的研究区域从热带到寒温带均有分布。具有贮食行为的啮齿动物有大林姬鼠（*Apodemus peninsulae*）、黑线姬鼠（*Apodemus agrarius*）、棕背鮃（*Craseomys rufocanus*）、中华姬鼠（*Apodemus draco*）、黄胸鼠（*Rattus tanezumi*）、社鼠（*Niviventer confucianus*）、针毛鼠（*Niviventer fulvescens*）、岩松鼠（*Sciurotamias davidianus*）、布氏田鼠（*Lasiopodomys brandtii*）、长爪沙鼠（*Meriones unguiculatus*）、东北鼢鼠（*Myospalax psilurus*）、小家鼠（*Mus musculus*）、褐家鼠（*Rattus norvegicus*）、小泡巨鼠（*Leopoldamys edwardsi*）、花鼠（*Tamias sibiricus*）、松鼠（*Sciurus vulgaris*）等。

鸟类作为树木种子的取食者和扩散者，因其快速运动、大范围活动和远距离迁徙的特点，对植被的扩散和更新产生重要的作用。在长期的进化中，鸟类与各类树木之间形成了良好的协同进化、互惠关系。以种子为食的鸟类主要有山雀科（Paridea）、鸦

---

① 粟海军，马建章，邹红菲，等. 凉水保护区松鼠冬季重取食物的贮藏点与越冬生存策略［J］. 兽类学报，2006，26（3）：262-266.

科（Sittidae）、鸦科（Corvidae）、啄木鸟科（Picidae）、雉科（Phasianidae）等类群。

取食和扩散种子的动物还包括一些哺乳类动物，例如野猪（*Sus scrofa*）、黑尾鹿（*Odocoileus hemionus*）、马鹿（*Cervus elaphus*）、黇鹿（*Dama dama*）等。蚂蚁等一些昆虫也是植物种子重要的取食者和扩散者。

2. 啮齿动物贮藏的主要植物种子

动物传播种子的行为极常见。40%～90%的热带雨林木本植物和25%～80%的温带植物依靠动物来促进种子传播[1]。啮齿动物扩散多种植物种子，包括1年生草本植物、多年生草本植物、灌木、乔木树种。在北温带，许多阔叶树和灌木的种子散布完全依赖于啮齿动物的分散贮食行为，主要有壳斗科（Fagaceae）的栎属（*Quercus*）、栗属（*Castanea*）、锥属（*Castanopsis*）、石栎属（*Lithocarpus*）、青冈属（*Cyclobalanopsis*），桦木科的（Betulaceae）榛属（*Corylus*），胡桃科（Juglandaceae）的胡桃属（*Juglans*），松科的（Pinaceae）松属（*Pinus*），蔷薇科的（Rosaceae）李属（*Prunus*）等植物，这些植物进化出大而无翼的种子，以适应啮齿动物的扩散。

二、贮食方式

食物贮藏是动物适应环境的一种行为，会使动物对食物供应具有一定的控制能力[2]。尤其对于生活在一些不可预测的环境中的动物而言，食物资源往往是有限的，为了避免周期性的资源短

① WALL S B V. Food hoarding in animals [M]. Chicago：University of Chicago Press, 1990.

② JORDANO P, SCHUPP E W. Seed Disperser Effectiveness：The Quantity Component and Patterns of Seed Rain for *Prunus mahaleb* [J]. Ecological Monographs, 2000, 70（4）：591-615.

缺，这些动物需要贮藏食物，在某个时间段或全年依赖贮藏的食物生存。啮齿动物通常具有两种典型的贮食模式：集中贮食和分散贮食（表1-1）。

表1-1　两种贮食方式特征比较

	集中贮食	分散贮食
贮食点数量	数量少，1个或几个	数量多，几百个或上千个
贮食地点	洞穴、巢穴、树洞	土壤下、落叶下、地表、洞穴
贮食点距离	距食物源远	距食物源近
被捕食风险	贮食过程中较高，重取食物时较低	单次贮食过程中较低，重取食物时较高
被偷盗风险	风险较大，易遭受严重的损失	风险较小，部分被偷盗
成本投入	需积极保护，贮食过程中能量投入较大，重取时投入较小	贮食过程中能量投入较小，贮藏后投入较大，重取时投入较大
食物重取	容易，精力投入小，利用率高	较难，精力投入大，利用率较低
领域行为	较强	较弱或者无

1. 集中贮食

集中贮食是指贮食动物将所有食物集中存放在1个或少数几个贮食点内的行为模式，贮藏过程中动物多次来往于食物源和贮食点之间。集中贮食动物通常将种子深埋在地下的巢穴、洞穴、空心或倒木树洞中，在1个单一的贮食点可能存放数百或数千颗种子，集中贮食动物通过积极的防御来保护贮存的食物。

2. 分散贮食

分散贮食是指贮食动物在其活动区域内的较大范围建立许多小而隐蔽但没有防御的贮食点，每个贮食点内仅贮藏少量食物，一般为1颗或者几颗种子。贮食过程中动物通常只在携带食物来贮藏时逗留1次。建立贮藏库后，动物会积极地加以管理，并有选择地在几个小时到几年的时间内消耗贮藏的食物。分散贮食动物依靠采集充足的食物和建立隐蔽的贮食点来确保充足的食物供应。

在自然条件下，分散贮食动物把食物搬至远离食物源的地方进行贮藏。啮齿动物的分散贮食点多设置在土壤中、枯枝落叶下，深度为 1～50 mm，每个贮食点仅贮存 1 颗或几颗种子，但因为贮食点数量多，因此，贮食量相当可观。在冬季，啮齿动物的能量需求大部分来自贮藏的食物，因此必须有很多的贮食点。例如，更格卢鼠（*Dipodomys ingens*）在洞穴附近设置了 875 个贮食点[①]，每平方米土地有 1.4～5.8 个，每公顷土地有13 700～57 600个；花鼠在巢域内有几千个贮食点[②]；1 只松鼠每年秋天能够贮藏2 323～2 768 颗种子；灰松鼠需要 5 400～7 200 粒栎树种子才能满足从 9 月到翌年 4 月期间的进食需要[③]。如果按照种群或群落水平计算，分散贮食的啮齿动物所贮藏的食物数量将更大。

不同的啮齿动物使用两种贮食方式中的 1 种，或者表现出两者兼而有之的方式，如红松鼠、大林姬鼠、中华姬鼠。集中贮食动物通常表现出明显的领域性，具有较强的保护食物的能力，例如，它们会积极抵御、驱赶偷食的竞争者。领域行为强度取决于食物的性质（热值和营养）、贮藏的集中程度、对贮存者生存的意义。集中贮食的红松鼠，表现出很强的领域行为，为了保护贮食点会攻击、驱逐入侵的其他动物，而且入侵动物距离贮食点越近，攻击行为越激烈，攻击次数越多。分散贮食动物往往体型较小、攻击性和防御能力较弱，很难有效地保护 1 个大的集中贮食点，并抵御其他动物的盗窃，因此只能依靠大量分散和隐蔽的贮

① SHAW W T. The Ability of the Giant Kangaroo Rat as a Harvester and Storer of Seeds [J]. Journal of Mammalogy，1934，15（4）：275 - 286.

② 肖治术，张知彬. 啮齿动物的贮藏行为与植物种子的扩散 [J]. 兽类学报，2004，24（1）：61 - 70.

③ WALL S B V. The evolutionary ecology of nut dispersal [J]. The Botanical Review，2001，67（1）：74 - 117.

食点来保护埋藏的食物。通常较大的物种能更好地保护食物，但也有研究发现，花鼠（*Tamias sibiricus*）虽然体型较大，但其贮食行为是分散贮食而不是集中贮食，因此啮齿动物的身体大小并不总是能够有效地确定其贮食方式[①]。

第二节　啮齿动物贮食的成本与效益

每一种贮藏策略都涉及成本与效益的权衡，还要应对不同种类、不同程度的风险。食物贮藏与重取涉及能量支出、被捕食风险、被偷盗风险等。

采用集中贮食，啮齿动物要多次往返于种子源（如母树）和距离较远的贮食点之间，运输过程需要投入较多的能量、时间，也需要承担较大的被捕食风险。而如果集中贮食动物无法保护贮食点免受其他动物盗窃侵扰，就很容易遭受巨大的损失，因此集中贮食动物要积极地保护贮食点。集中贮食的方式对啮齿动物重取食物是有利的，避免了啮齿动物搜寻贮藏食物时过多的能量投入，降低了它们的被捕食风险，尤其是在北方的冬季，如果是在洞穴中取食会节约更多的能量[②]。

采用分散贮食，啮齿动物可短期内快速贮藏（占有）食物。多数研究认为这是一种高效的贮食策略，符合最优觅食理论。分散贮食的一个优点是，贮食动物不需要积极地保护贮藏的食物，可以自由地从事其他活动。另外，分散贮食动物将种子散布在距离种子源较近的不同地点，贮食时单次运输过程的被捕食风险比集中贮食的风险要小；而且广泛地分散贮食可以有效降低偷盗风险。分散贮食动物善于隐藏食物，人类对它们的贮食点检查后很

① DALLY J M, CLAYTON N S, EMERY N J. The behaviour and evolution of cache protection and pilferage [J]. Animal Behaviour, 2006, 72 (1)：13-23.

② 蒋志刚. 动物保护食物贮藏的行为策略 [J]. 动物学杂志, 1996 (5)：52-55.

少发现挖掘或干扰地面的痕迹。虽然仍会有少量种子被同域分布的竞争者窃取，但分散贮食能够避免灾难性的损失。与集中贮食动物相比，分散贮食动物重取食物时，搜寻分散埋藏的食物需要投入更多的时间和能量，承担更多的被捕食风险。因此，对分散贮食动物而言，确定贮食点间隔距离时，需要考虑以下 3 个方面：一是尽量减少将食物运送到多个不同的贮食点而产生的能量和时间投资；二是最大限度地减少竞争者发现附近贮藏食物的概率；三是尽可能增加重新取回贮藏食物的数量。一般认为，贮食动物可通过空间记忆和嗅觉来找回贮藏的食物，而且在重取的过程中，会发生反复取出种子又反复贮藏的情况。

贮食行为是遗传型，不可以被塑造，但贮食方式可以被塑造，是受环境影响的表现型[①]。正如上述论述中所指出的，集中贮食和分散贮食都有一些缺点。目前，两种贮食方式的演变机制仍然不确定，尚无研究表明哪些成本更重要，成本与效益的权衡在决定不同啮齿动物采用哪一种贮食方式时起着什么作用。因为种内和种间竞争环境每年都可能改变，所以两种贮食方式的成本和效益也可能发生改变，这些改变将导致啮齿动物贮食方式的变化。对于同类型种子，啮齿动物在取食、分散、贮藏等方面会采取不同的处理策略，例如，有些啮齿动物为了应对偷盗风险采取了分散与集中相结合的贮食方式。贮食行为变化的结果，是贮食动物比任何其他动物更有可能利用其贮藏的食物。

第三节　啮齿动物贮食行为模式

动物在取食过程中必须作出一些行为决策和权衡。决策过程往往都涉及在几个备选方案中选择 1 个行动方案，例如，动物要作出选择：是立即取食种子，还是将其贮藏起来以后再利用。许多学者

---

① 蒋志刚. 贮食过程中的优化问题 [J]. 动物学杂志，1996（4）：54 - 58.

清晰地将动物贮食行为或者种子运动的优化策略描述为一个流程，例如，蒋志刚认为动物贮食行为是取食行为的一部分，包括寻找食物、采集、处理、搬运、放置和掩蔽、保护和找回、食用等环节，其中搬运、放置和掩蔽、保护和找回是贮食行为谱中特有的环节①。

Wang 等认为啮齿动物分散贮食的决策过程通常包括 4 个连续的步骤：①发现种子，决定采集或决定忽略；②决定原地取食或决定搬运；③如果搬运，决定搬运的距离；④决定食用被搬运的种子或决定贮藏被搬运的种子②（图 1-1）。

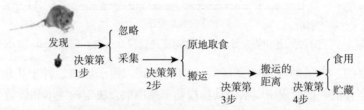

图 1-1　分散贮食的啮齿动物决策的 4 个步骤（引自 Wang et al.，2013）

Lichti 等将分散贮食分为 6 个环节：暴露、获取、分配、准备、存放、重取③（图 1-2）。贮食行为模式作为一个进化稳定的策略，虽然各项研究的结论有所不同，但是贮食行为模式的变化通常是很小的。几乎都是从动物最初发现种子时开始，直到最终决定是否吃掉种子，在何时、何地吃掉种子，这些阶段并不一定能够被清楚地划分出来，也不都是依次发生的。例如，动物发现种子时，可能最开始的意图是将其贮藏起来。

从啮齿动物和植物的角度来看，处理种子这一步显然是最重

---

① 蒋志刚. 动物保护食物贮藏的行为策略［J］. 动物学杂志，1996（5）：52-55.

② WANG B，YE C X，CANNON C H，et al. Dissecting the decision making process of scatter-hoarding rodents［J］. Oikos，2013，122（7）：1027-1034.

③ LICHTI N I，STEELE M A，SWIHART R K. Seed fate and decision-making Processes in scatter-hoarding rodents［J］. Biological Reviews，2015，92（1）：474-504.

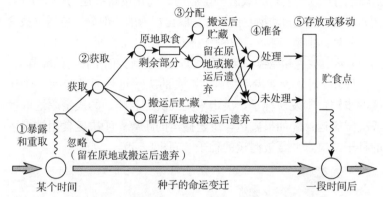

图 1-2　分散贮食动物介导的种子命运变迁过程（引自 Lichti et al.，2015）

要的，会强烈地影响到随后的取食步骤、种子贮藏、种子扩散。在分散贮食过程中，啮齿动物权衡了每项取食决定的成本和效益。

　　啮齿动物的贮食行为可以概括为 6 个重要环节：暴露、获取、分配、准备、存放、重取。

一、暴露

　　成熟的种子暴露于环境中，供啮齿动物取食。种子的一些特征有利于被取食的啮齿动物发现，发现种子是啮齿动物贮食行为模式的起点。暴露的种子被发现的概率与多个因素有关，例如，种子资源丰富度、生境结构、动物群落结构、动物种群密度、动物间竞争格局、巢穴位置、取食线索（如母树）[1]。多数啮齿动物通过发达的嗅觉和观察能力搜寻散落的或者其他动物埋藏的种子，还可以通过记忆能力来发现自己埋藏的种子。种子一旦被取

　　① HIRSCH B, KAYS R, PEREIRA V E, et al. Directed seed dispersal towards areas with low conspecific tree density by a scatter-hoarding rodent [J]. Ecology Letters, 2012, 15 (12): 1423-1429.

食的啮齿动物发现，存在两种命运：被获取或者被忽略。如果研究人员如果没有直接观察取食的啮齿动物，则很难确认啮齿动物是主动忽略还是没有发现种子。

二、获取

种子被获取的命运将由贮食的啮齿动物来决定，获取环节既可以发生于种子暴露在环境中的时期，也可以出现在啮齿动物重新取回之前贮藏的或者偷盗其他动物埋藏的种子的时期。获取这一环节标志着暴露在环境中的种子变成了被啮齿动物操控的种子。如果啮齿动物决定获取种子，要接着决定是原地取食还是搬运到其他地方取食或者贮藏以备将来取食。盗取食物在自然界中是常见的，啮齿动物通过盗取的方式获取其他动物贮藏的食物，盗取的频率取决于啮齿动物种类、时间、环境条件。

三、分配

贮食的啮齿动物通常将获取的种子采取不同的分配方式，包括原地取食、搬运后取食、搬运后贮藏、忽略或遗弃。被忽略或者被遗弃的种子有的从母树被获取后留在原地，有的被搬运一段距离后遭到遗弃。不在原地取食的种子通常会有明显的移动，移动过程也可能伴随着不同的分配方式（被取食或被贮藏）。在取食的情况下，贮食动物只能消耗一部分种子，其余的将被贮藏或遗弃。

四、准备

有些啮齿动物获得种子后不会立即食用，而是对获得的种子进行处理，为贮藏种子做好准备，以备将来之需。啮齿动物在贮藏种子之前具有修剪胚根、切除胚芽、移除种皮等处理种子的习惯，

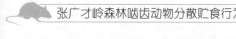

防止种子在贮藏过程中发芽而减少物质含量。这种行为对动物是有利的，但对种子的生存会产生负面影响，然而并不一定是致命的。

五、存放

贮食动物通常会有意选择存放种子的位置，选址取决于多种因素，包括与种子源的距离、生境与景观结构、潜在的竞争者偷盗风险、过去偷盗的经验、被捕食风险等。贮食点的选择将极大地影响种子萌发、幼苗生长、植被。当种子被贮藏时，也可能被取食的动物发现，然而，食物贮藏大大降低了种子被其他动物发现的可能性。

六、重取

分散贮食动物贮藏种子的被重取时间可以从几个小时持续到几年后。短的贮藏期与可利用食物资源快速隐藏的需要或种内、种间竞争者的干扰有关，这样的贮食点起到临时过渡的作用，使贮食动物在有限的时间内最大限度地获取更多资源，且同时提供一定程度的安全性，防止被盗或其他风险。最终，这些临时贮藏物可能会被贮食动物或者其他竞争者取出后转移到更远、更安全的地方。对于长期贮藏的食物，贮食可能会积极管理或检查，这种行为有助于增强贮食动物的空间记忆，还可以让它们了解被盗食物量和剩余食物量的信息。与新获取的种子一样，重取的种子也要被重新分配或存放。

研究认为，啮齿动物主要通过记忆、嗅觉、视觉来重取贮藏的食物[①]。许多分散贮食的啮齿动物对种子隐藏地点具有空间记

---

① LICHTI N I, STEELE M A, SWIHART R K. Seed fate and decision - making processes in scatter - hoarding rodents [J]. Biological Reviews, 2015, 92 (1): 474 - 504.

忆，这些啮齿动物找出土壤扰动的迹象，或者使用视觉标志（例如倒下的树木和土壤中暴露的岩石），或者通过嗅觉线索等来找回自己贮藏的食物。但目前，研究人员对分散贮食的啮齿动物决定何时重取长期贮藏的食物或者如何确定重取顺序还知之甚少①。

第四节　影响啮齿动物贮食的因素

啮齿动物的取食和贮食行为模式的形成是一个复杂的过程，每一步的决策都受到诸多因素的综合影响，任何单一的因素都不能解释种子的扩散模式，很难判断究竟哪种因素影响啮齿动物的取食和贮食行为。

主要的影响因素有：①种子的特征，包括种子大小与质量、种子的子叶和胚乳的质量、种子形状、种皮特征（厚度与硬度）、种子的品质（是否发生虫蛀、霉变、空壳）、水分含量、营养价值（淀粉、脂类、蛋白质等营养物质含量）、次生代谢产物种类与含量（如单宁和其他多酚类）、种子产量的丰富度等；②啮齿动物自身特征，包括体型大小、年龄、性别、繁殖状况、优势地位和经验等；③环境因素，包括栖息地、种内和种间竞争、食物丰富度与分布、天敌的种类与数量等。

一、种子大小与营养价值

种子的很多性状都可以影响啮齿动物取食或贮食决策，但在诸多性状中，种子大小通常被认为是最重要的性状。种子大小不

---

① CLAYTON N S，YU K S，DICKINSON A. Scrub jays (*Aphelocoma coerules-cens*) form integrated memories of the multiple features of caching episodes [J] . Journal of Experimental Psychology Animal Behavior Processes，2001，27 (1)：17 - 29.

同在植物界是一种非常普遍的现象，不仅广泛存在于种间个体中，而且还存在于种内个体之间。在其他条件相同的情况下，大种子通常具有较高的营养价值，有利于啮齿动物获得更多的食物量和养分，因此种子大小直接影响着啮齿动物的取食策略，影响啮齿动物的取食和贮藏偏好。体积较大或营养价值较高的种子更容易被分散贮食的啮齿动物搬运走，而不是在原地食用[①]。

啮齿动物会权衡搬运、贮藏过程中的能量消耗和收益，在获得相同的营养条件下，为了搜寻更少的贮食点，通常贮藏营养价值较高的大种子，而原地取食营养价值较低的小种子。啮齿动物还会尽可能将具有高营养价值的食物运输到远离食物源的地点分散贮藏，以避免被同种或异种竞争者盗食。最优觅食理论（Optimal Foraging Theory，OFT）很好地解释了这些取食和贮藏的偏好[②]。最优觅食理论描述了动物在觅食期间希望以最小成本获得最大收益，以最大化其适应性的情况。这个理论的基本假设是：动物应该在其单位时间内使得净能量收入最大。

很多研究验证了大种子对啮齿动物贮食和植物更新的意义，相对较大的种子被啮齿动物获取的速度更快、被运输的距离更远、被贮藏的状态更好[③]。大种子明显具有较远的扩散距离、较长的埋藏存活时间、较高的发芽率。在被分散贮藏后，较大的种子表现出较高的发芽率，幼苗也更能承受环境的压力。一方面，植物产出大种子可以通过增加分散种子的数量和质量来促进种子

① WALL V S B. Effects of seed size of wind‐dispersed pines (*Pinus*) on secondary seed dispersal and the caching behavior of rodents [J]. Oikos, 2003, 100: 25‐34.

② CHARNOV E L. Optimal foraging, the marginal value theorem [J]. Theoretical Population Biology, 1976, 9 (2): 129‐136.

③ LUNA C A, LOAYZA A P, SQUEO F A, et al. Fruit Size Determines the Role of Three Scatter‐Hoarding Rodents as Dispersers or Seed Predators of a Fleshy‐Fruited Atacama Desert Shrub [J]. PLOS ONE, 2016, 11 (11): e0166824‐.

的发芽率；另一方面，较大的种子也会增加胚生长的成本，从而减少种子的产量。多数研究具有相似的结论，如对大小不同的枹栎（*Quercus serrata*）种子的野外扩散研究，对长尾刺豚鼠（*Myoprocta acouchy*）分散贮藏不同大小卡拉巴（*Carapa procera*）种子的研究，对啮齿动物选择栓皮栎（*Quercus variabilis*）种子、蒙古栎（*Quercus mongolica*）种子的研究①。

　　不同种类植物的大、小种子在营养价值（脂类、蛋白质、淀粉等营养物质含量）方面存在很大的差异，根据高营养假说，啮齿动物更喜好取食或搬运贮藏营养价值较高的种子以获得更高的回报。例如，与锐齿栎（*Quercus aliena*）种子相比，啮齿动物会取食或搬运贮藏蛋白质、脂类等营养物质含量较高的板栗（*Castanea mollissima*）种子②；相对于营养价值低的欧洲赤松（*Pinus sylvestris*）种子，北美红松鼠（*Tamiasciurus hudsonicus*）更喜好将营养价值高的北美红松（*Pinus resinosa*）种子搬运到较远的距离进行分散贮藏；黄松花鼠（*Tamias amoenus*）对营养价值高的加州黄松（*Pinus jeffreyi*）种子的埋藏比例与搬运距离显著高于低营养价值的羚梅（*Purshia tridentata*）种子③。

　　①　常罡，肖治术，张知彬，等．种子大小对小泡巨鼠贮藏行为的影响［J］．兽类学报，2008，28（1）：37-41.

　　周立彪，闫兴富，王建礼，等．啮齿动物对不同大小和种皮特征种子的取食和搬运［J］．应用生态学报，2013，24（8）：2325-2332.

　　XIAO Z, ZHANG Z, WANG Y. Dispersal and germination of big and small nuts of Quercus serrata in a subtropical broad-leaved evergreen forest［J］. Forest Ecology & Management, 2004, 195（1-2）：141-150.

　　②　CHANG G, ZHANG Z. Functional traits determine formation of mutualism and predation interactions in seed-rodent dispersal system of a subtropical forest［J］. Acta Oecologica, 2014, 55：43-50.

　　③　WALL V S B. Sequential patterns of scatter hoarding by yellow pine chipmunks（Tamias amoenus）［J］. American Midland Naturalist. 1995, 33, 312-321.

　　WALL V S B. The effects of seed value on the caching behavior of yellow pine chipmunks［J］. Oikos. 1995, 74：533-537.

种子的大小并不是影响贮食的啮齿动物取食和贮食决策的唯一因素，因为处理和运输种子的成本也与种子大小呈正相关，大种子的处理和运输成本相对较高，例如，处理和运输更大的种子可能需要更多的时间，取食风险也就越大，因此，啮齿动物会在处理和运输成本以及避免取食风险之间进行权衡。如果考虑啮齿动物的大小，啮齿动物的体型越大，在大小相近的种子上消耗的成本就越小，越有可能避免取食风险。为了尽可能地在种子上消耗更少的成本、避免取食风险，不同大小的啮齿动物可能会对自身能处理和运输的种子大小形成不同阈值。当啮齿动物发现的种子大于自身能处理和运输的种子大小的阈值时，无论是食用还是贮藏，种子都应该被带到一个更安全的地方。因此，要研究果实或种子大小对啮齿动物取食和贮食决策的影响，需要考虑啮齿动物的大小，因为这会影响它们可获取的最大果实或种子的大小。

也有一些研究具有不同的结论，例如，有的研究认为种子大小和啮齿动物的取食偏好没有明显的关系[1]，有的研究认为中等大小的种子被取食和贮藏的概率最高，甚至还有研究认为啮齿动物偏好小的种子，与前面所述的研究结论完全相反[2]。

二、种皮特征

不同植物的种皮特征（厚度和硬度）差异很大，有一些革质的或者纤维质的种皮较薄、较软（如栎、栗、假海桐、石竹、蓖麻等），有一些木质的种皮较厚而硬（如胡桃楸、红松、山杏、

---

① 1MOLES A T，WARTON D I，WESTOBY M. Do Small - Seeded Species Have Higher Survival through Seed Predation than Large - Seeded Species? [J]. Ecology，2003，84（12）：3148 - 3161.

② TAMURA N，HAYASHI F. Geographic variation in walnut seed size correlates with hoarding behaviour of two rodent species [J]. Ecological Research，2008，23（3）：607 - 614.

毛榛等）。即使同属植物的种皮特征也可能差异很大，这些差异影响了啮齿动物对种子的选择。

种皮在啮齿动物对植物作出取食、贮食的决策时具有不同的影响：①作为屏障阻止一些啮齿动物取食，例如，致密坚硬的胡桃壳阻止了小型啮齿动物取食，通常松鼠科啃咬能力强的动物能够有效地打开这样的种皮；②对啮齿动物产生不同的取食或者贮食吸引力，种皮薄的种子容易被啮齿动物吃掉更多的数量，而对于种皮较厚的种子，啮齿动物通常不会立即取食而是选择忽略或者贮藏；③种皮的厚度、硬度决定啮齿动物处理食物投入的时间长短不同，从而使啮齿动物投入的能量多少不同、承受的捕食风险大小也不同。

种皮特征影响啮齿动物对种子的处理时间，种皮越厚、越坚硬，处理时间越长。例如，松鼠取食榛子等坚果时，处理种皮的时间需要增加30%，不取食而直接贮藏将省去30%的时间[1]。啮齿动物对种子的处理时间越长，所发生的能量消耗和承担的被捕食风险越大。取食过程中啮齿动物的时间和能量投入会影响其取食和扩散行为模式，因此，为了提高单位时间内的净收益，同时降低取食过程中的被捕食风险，啮齿动物通常优先选择取食种皮薄而脆的种子，而贮藏种皮厚而坚硬种子。

在取食效益和被捕食风险之间，啮齿动物优先选择降低被捕食风险而牺牲一定的效益，此时种皮特征比种子大小更具决定作用。许多研究验证了种皮特征对贮食行为的影响，例如，与种皮坚硬的石栎种子相比，黄胸鼠优先取食种皮薄而脆的假海桐种子；松鼠倾向于就地取食种皮薄而脆且易霉烂的栎子、橡子，贮藏种皮较厚的胡桃楸种子[2]。啮齿动物搬运后取食（或贮藏）更

---

① WALL V S B. The evolutionary ecology of nut dispersal [J]. The Botanical Review，2001，67（1）：74-117.

② LU J Q, ZHANG Z. Differentiation in seed hoarding among three sympatric rodent species in a warm temperate forest [J]. Integrative zoology，2008，3（2）：134-142.

多相对较小而种皮坚硬的野李和华山松种子，并不原地取食[①]。但是，目前在种皮特征对啮齿动物取食策略的影响上，还缺乏定量的研究。

三、种子物质成分

种子的子叶和胚乳是种子萌发和幼苗生长的主要营养和能量来源，在与贮食的啮齿动物的互惠关系中，是吸引啮齿动物取食、运输、贮藏种子的主要因素。子叶和胚乳主要的物质成分包括脂类（脂类酸形式）、碳水化合物（淀粉或半纤维素形式）、蛋白质、次生代谢产物（单宁、多酚）、水分、矿物质等。不同种子的子叶和胚乳中的物质成分与含量差别较大，是决定啮齿动物取食和贮食策略的关键。啮齿动物会根据种子的子叶和胚乳中的物质成分与含量对种子进行评估。

1. 脂类

脂类和碳水化合物是提供能量的主要物质，脂类和碳水化合物含量较高的种子能够使啮齿动物获得更大的能量收益。在营养物质中，脂类与能量摄入优化策略紧密相连，是啮齿动物饮食的基本组成部分，是直接影响啮齿动物生存和繁殖的重要能量来源[②]。

一般红松、毛榛等种子脂类含量较高（54%～71%），栎子、橡子等脂类含量较低（3%～31%），脂类含量与食物的适口性有关。脂类中脂类酸的含量很重要，因为脂类酸的含量对种子的营养价值以及保质期存在影响，例如，含油量与不饱和脂类酸含量

---

① 闫兴富，周立彪，刘建利. 啮齿动物捕食压力下生境类型和覆盖处理对辽东栎种子命运的影响 [J]. 生态学报，2012，32（9）：2778-2787.

② WANG B, CHEN J. Effects of Fat and Protein Levels on Foraging Preferences of Tannin in Scatter-Hoarding Rodents [J]. PLOS ONE, 2012, 7：e40640.

低的种子保质期较短。一般来说，像较大的种子受到偏好一样，当其他性状不变时，富含脂类的种子通常优先被获取和贮藏，扩散得更快，脂类含量较小的种子被获取的时间晚一些。

2. 碳水化合物

碳水化合物在各类种子中含量变化很大（3%～89%），在豆类植物中含量高（56%～79%），在一些橡子中含量更高（78%～89%）。碳水化合物含量与脂类含量成反比，碳水化合物的能量（kJ/g）约是脂类的一半。因此，与脂类含量高的种子相比，淀粉（碳水化合物的一种）含量高的种子所含的能量较低。

3. 蛋白质

蛋白质和脂类一样是啮齿动物取食过程中不可缺少的物质，多数坚果中蛋白质含量（4%～32%）通常比较高。种子中的蛋白质不被幼苗作为能量来源，而是被水解成氨基酸，形成不同的蛋白质和其他含氮成分。蛋白质对啮齿动物的生长、繁殖、生存极为重要，蛋白质含量高的种子更容易被啮齿动物贮藏，但啮齿动物通常根据实际需要选择蛋白质含量适量的食物，而不是选择蛋白质含量最高的食物。

4. 单宁

单宁是一类水溶性酚类化合物，广泛分布于各种植物的种子中，是一种重要的次生代谢产物。单宁常常与蛋白质、脂类或者碳水化合物结合，对啮齿动物的生理和生存有严重的影响。例如，单宁与消化酶结合会降低碳水化合物和脂类等食物的消化效率，不利于啮齿动物对蛋白质的消化和氨基酸的吸收；单宁甚至具有毒性，啮齿动物取食后可能会出现肝肾衰竭、体内氮流失等症状[①]。

种子中的单宁含量对啮齿动物的取食偏好有显著影响，单宁

---

① WANG B, CHEN J. Seed size, more than nutrient or tannin content, affects seed caching behavior of a common genus of Old World rodents [J]. Ecology, 2009, 90 (11): 3023-3032.

会给种子带来苦味，适口性差，使啮齿动物少吃这些食物。多数研究显示，啮齿动物对天然种子和人工食物的偏好与单宁含量呈负相关；因为一些橡子中单宁主要集中在顶端胚芽周围，啮齿动物吃下橡子的基部一半，丢弃或贮藏顶端部分，从而避免了大部分单宁[①]。但也有一些研究得出不同的结论：高单宁的种子被就地吃掉，而低单宁的种子被分散。对人工食物试验也发现，啮齿动物喜欢原地取食单宁含量高的种子，偏好扩散单宁含量低的种子，且埋藏率较高，在扩散距离上，单宁含量低的种子比含量高的种子扩散得更远。

出现不同结果的原因可能有：①不同动物处理单宁的能力具有差异；②一些啮齿动物对单宁含量低的食物偏好程度存在季节变化；③单宁、脂类、蛋白质对啮齿动物取食行为均有显著影响，各种物质之间存在一定的交互作用，较高浓度的脂类和蛋白质均能减轻啮齿动物对单宁含量较高的种子的排斥作用，从而影响种子的命运。

5. 水分

种子的水分含量随所处时期和贮藏方法的不同而变化很大，成熟、休眠、未埋藏的种子的游离水分含量在 2% ~ 58% 之间。水分含量与脂类（疏水化合物）含量成反比，与碳水化合物和蛋白质直接有关。一旦被埋藏，种子的含水量受土壤或贮藏环境的影响较大，对种子休眠和萌发有重要影响。

6. 矿物质

与其他植物组织相比，大多数坚果的籽粒中含有丰富的矿物质，包括氮（N）、磷（P）、钾（K）、钙（Ca）、镁（Mg）、铁（Fe）、锰（Mn）、铜（Cu）、锌（Zn）。大多数坚果是啮齿动物的重要矿物质来源。

---

① WANG B，CHEN J. Effects of Fat and Protein Levels on Foraging Preferences of Tannin in Scatter-Hoarding Rodents [J]. PLOS ONE，2012，7：e40640.

四、竞争者盗取

相近物种在相似资源上的共存模式是群落生态学关注的问题。种内或种间的行为差异可能是促进这种共存的一种机制。种内和种间的竞争压力会影响对种子取食和扩散策略，由于竞争者偷盗的潜在压力，为保护已有食物，啮齿动物会调整取食行为和贮藏策略。

分散贮食就是一种重要的取食对策。由于竞争者的存在，啮齿动物通常在食物源附近分散贮藏种子，以便快速占有更多资源。啮齿动物将部分种子贮藏在临时贮食点，之后再重新进行妥善贮藏。

选择合适的贮藏策略是防范竞争者盗取的有效途径。例如，有发现表明，在 5 cm 以下的较深洞穴中贮藏的种子都已被取食，啮齿动物贮藏种子的洞穴多数位于灌木或草丛基部较浅的临时位点，这种方式贮藏的种子被盗取的概率很大。将种子埋藏在土壤中可能是预防盗取的最安全且高效的方式，既可有效降低被盗取的风险，又可避免因再次贮藏而产生的对新贮食点记忆、管理、重取等贮藏成本的增加[①]。

很多研究提出了贮食策略与小型啮齿动物偷窃能力之间的关系。当高度的种间、种内竞争导致种子供应不足时，啮齿动物倾向于集中贮藏种子，以确保快速获取食物，并投入更多的精力在偷窃风险较低的地区寻找藏匿处。例如，偷窃能力极弱的棕背䶄在洞穴或巢穴中贮藏食物，能够避免被花鼠和大林姬鼠偷盗。另外，当啮齿动物本身偷盗能力较强时，或者分散贮食的种子被偷盗而损失较大时，它们会倾向于增加分散贮食的强度，而不是集中贮食的强度。

———————

① 肖治术，张知彬. 啮齿动物的贮藏行为与植物种子的扩散 [J]. 兽类学报，2004，24 (1)：61-70.

啮齿动物还进化出了其他行为策略来减少贮藏窃取，例如，选择间隔距离大的贮食点、在没有潜在盗贼的情况下进行贮藏、在竞争对手较少或被捕食风险高的地方进行贮藏、远程贮藏，或者改变贮食策略，从分散贮食变为集中贮食。但自然界中的贮食盗取率很高，有 57% 的贮藏物在 1 周内被重取或盗用，99% 的贮藏物在 1 年内被重取或被盗用。据估计，长期贮藏物的损失每天在 2%～30%。贮藏物盗取不仅发生在不同物种之间，也发生在种内，从而导致贮食策略的种内变异。

五、被捕食风险

被捕食风险是限制啮齿动物取食、贮食，又无法忽视的因素。捕食者与猎物之间的关系，是最普遍的种间关系，在双方的协同进化过程中，被捕食者面临着更大的选择压力，对被捕食者行为特征的进化和形成起着重要作用，迫使啮齿动物调整或者改变取食、社交、生境选择等一系列行为策略。

种子处理时间和被捕食风险是影响啮齿动物贮食策略的主要因素。这可能与种皮特征有关，处理较厚、较硬的种皮要花费更多的时间和精力，取食时间的增加使啮齿动物暴露时间增加，导致被捕食风险增加，为补偿因种子处理时间延长带来的风险，啮齿动物将具有坚硬种皮的种子搬运到更远的安全地点取食或贮藏。为了确保取食安全，啮齿动物必须牺牲部分能量收益，这是取食效益和被捕食风险权衡的结果。

食物源距离意味着不同的被捕食风险和处理成本。食物源距离更远将增加被捕食风险和运输成本，因此，为了快速占有资源，贮食的啮齿动物倾向于分散贮食策略，快速贮食。相反，食物源距离近时，被捕食风险相对较低，将食物运至巢穴的贮藏成本也较低，啮齿动物可能会采取集中贮食策略，以保障食物安全。

栖息地结构、天敌的种类、食物的丰富度和分布、竞争者的干扰等因素都会导致啮齿动物调整不同的取食、贮食策略并应对不同程度的被捕食风险。

啮齿动物可能会根据"捕食者提示"评估被捕食风险程度。直接的捕食者线索来源于存在的食肉动物，包括发声、传递的视觉和嗅觉信号（如粪便、尿液）。间接的捕食者线索是由环境传递的，并干扰了猎物的可见性或可达性，例如灌木覆盖的微生境、开放的微生境。虽然被捕食风险对啮齿动物的微生境利用、取食时间、种子选择都有影响，但啮齿动物感知被捕食风险的能力对其种子处理行为的影响程度尚不清楚[①]。

第五节　贮食生境特征与种子贮藏空间分布

不同动物贮藏食物的地点各不相同，绝大多数啮齿动物将部分植物种子和果实搬运到远离母树的地点，贮藏在落叶下、土壤浅表或洞穴等地方，避免了密度制约性死亡，降低了其他种子取食者（如昆虫、鸟类、大型杂食性脊椎动物）和竞争者发现的风险，在合适发芽生境中贮藏的种子还可以增加育苗可能性。因此，种子移动的距离和它们所处的微生境将对啮齿动物传播种子的质量和有效性产生很大影响。

一、贮食点

成熟季节大量植物种子散落在地表，对于种子萌发和出苗，土壤表面不是适宜的环境，经常使种子面临诸如极端温度、干燥、紫外线辐射、强烈火灾等非生物危害的风险，种子的成功发

---

① ZHANG Y F，WANG C，TIAN S L，et al. Dispersal and hoarding of sympatric forest seeds by rodents in a temperate forest from northern china ［J］. iForest - Biogeosciences and Forestry，2014，7：70 - 74.

芽需要持续的高含水量，地面的高温和干燥会对种子造成破坏，种子的含水量低于一定的临界水平，会丧失生存能力。另外，地表的种子还可能经受来自蚂蚁、鸟类和其他动物的大量取食。为了逃避这些风险，一些种子进化出通过动物扩散的方式实现非生物环境贮藏，但种子进入土壤的速度取决于土壤和种子的特性。

贮食点的微生境是影响幼苗存活的主要因素，直接影响到种子扩散的质量和效果。集中贮食的啮齿动物通常将种子深埋在巢穴或洞穴中，或者空心或倒木树洞中，这样的环境通常缺乏土壤等基质，比较贫瘠，不利于种子萌发，易导致集中贮藏的种子死亡。虽然集中贮食使贮食点更便于防护，但对于保卫能力弱的啮齿动物，竞争者盗食可能会导致其所有食物丢失的巨大损失。

分散贮食的啮齿动物通常将在地表采集的种子贮藏在土壤中、枯枝落叶下，一般种子被埋藏的深度在 1～50 mm，每一个贮食点贮藏 1 颗或几颗种子，例如，华山松种子的单一贮食点（含有 1 颗种子）占到 90% 以上；有时种子也会被啮齿动物贮藏在较浅的洞穴的墙壁上，这样可以抑制种子脱水，并且保护种子免受其他动物取食者的侵害。分散贮食模式能有效地降低食物被偷盗的风险，确保啮齿动物的自身利益。但也有些啮齿动物贮食时会建成较大的贮食点，例如，某贮食点内华山松种子可达到 18 颗之多，说明啮齿动物倾向于将种子多次搬运至同一地点进行取食，这个地点应是其认为较为安全或者熟悉的，如洞穴、石缝、隐蔽的灌丛、草丛等①。

埋藏的种子受到的保护更好，不受干燥、冰冻、森林火灾、昆虫和种子掠食者的侵害，往往比地面的种子存活率更高。因为被分散贮藏的种子被埋在微生境中，温度和水分有利于种子的存活和发芽，而且被分散贮藏的种子的埋藏深度通常与种子萌发的

---

① 康海斌，王得祥，常明捷，等. 啮齿动物对不同林木种子的搬运和取食微生境选择机制［J］. 生态学报，2017，37（22）：7604-7613.

适宜深度重叠，例如，埋在1～5cm深的土壤中的橡子一般有最高的萌发概率。

分散贮食方式会不同程度地提高种子发芽的成功率和幼苗的存活率。种子被埋藏能确保其良好地生根，而且即使是浅埋也比落在土壤表面更适合种子发芽，例如，位于地面上的橡子可以发芽和生根，但存活的可能性很低。除了埋藏深度以外，多数贮藏环境能够保持较好的温度和湿度，适宜的温度和湿度也是种子萌发的关键因素，尤其在水分匮乏的干旱环境中，种子被快速贮藏在土壤中能够使其保持较高的含水量，增强耐旱性。

二、贮食微生境

啮齿动物分散贮藏种子是许多植物重要的扩散机制，啮齿动物将选择的种子搬离母树源贮藏起来，这些种子被贮藏在哪？贮食点具有什么样的特点？哪些因素影响啮齿动物对贮食点的选择？这都是生态学家们关注的问题。贮食微生境的好坏直接影响到种子扩散的质量和效果。

啮齿动物取食时会考虑被捕食风险和竞争压力，对取食和贮藏种子地点的微生境具有明显的选择性。啮齿动物选择取食和贮食点也随着栖息地结构的时空变化、感知到的被捕食和偷窃风险而变化。贮食点的生境结构会影响植物繁殖，啮齿动物搬运种子丢弃点的微生境表明，大部分种子被丢弃在裸地，可能与空旷地点进行埋藏和取食的被捕食风险较大有关，而空旷的生境更利于种子萌发[①]。微生境异质性直接影响种子萌发与幼苗建成，并通

---

① 杨春文. 东北主要林区森林五种啮齿动物共存机制研究 [D/OL]. 哈尔滨：东北林业大学，2008 [2023 - 07 - 05]. https：//kns. cnki. net/kcms2/article/abstract? v = 3uoqIhG8C447WN1SO36whBaOoOkzJ23ELn _ 3AAgJ5enmUaXDTPHr-ETfg67qAHIVy0643lvjmcicE2b4ESLC1xVZjjvRIJc&uniplatform=NZKPT.

过改变林下动物的分布及其取食策略，间接影响种子库动态和植被更新，对植被幼苗再生、定植能力、空间分布、生殖生态都具有重要作用。

大部分贮藏的种子都被重取的话，可能与行为模式有关，分散贮食的啮齿动物会选择具有特定生境特征的地点贮藏食物。这些特殊的生境特征能够被啮齿动物识别，以便能够容易地找到贮藏的种子。分散贮食的啮齿动物可能通过以下几种方式与微生境的结构特征产生关联：①在森林内寻找植被密度较高的地方以便在处理种子时得到更好的保护，例如，选择草本植物盖度较高、离树木较近、平均距离较小的区域，选择最接近的树木取食和掩埋种子。这表明分散贮食的啮齿动物更倾向于更密集的森林地区。②将种子贮藏在可以作为视觉线索的标志物附近，便于在寻回种子时进行识别，例如，南美刺豚鼠（*Dasyprocta azarae*）经常将种子埋在靠近目视地标的地方，包括裸露岩石、倒树、小树、棕榈树和椰子树附近等，但避免直接由树木和裸露岩石构成的环境。③或者将种子藏在安全的洞穴之中。

在微生境的选择中，灌木植被是林下微生境异质性的主要决定因子，形成了不同的生境格局，影响着啮齿动物的活动和取食行为，影响种子萌发和幼苗的建立，对啮齿动物和植物种子都有重要意义。通常啮齿动物倾向于选择相对安全的位点贮藏食物，灌丛内或者郁闭度高的地点隐蔽性好，通过提升安全性给啮齿动物提供更好的保护，有效地降低了被捕食风险和取食成本。对于小型啮齿动物来说，被捕食风险在取食决策中的作用可能比在大型啮齿动物中更为重要。因此，在灌丛等生境中，啮齿动物的活动和取食行为较为频繁，小的物种（姬鼠属物种、拉布拉多白足鼠、黄松花鼠、小长尾刺豚鼠等）可能会为了更低的被捕食风险而选择在偷盗率较高的高密度灌木下或灌丛附近贮藏种子①。啮齿动物对于在灌木、枯枝或树冠下贮藏种子有显著的偏好，这可能是因为这些贮食点会使捕食风险降低并能有利于种子的重取。

另外，灌丛还可以通过改变光、热、水的条件，既为贮食动物提供保护，又影响种子的存活，促进种子的萌发和幼苗的建成。灌丛是松树等幼苗的保护植物，在灌丛下有许多啮齿动物的分散贮食点（占 36％）②，那里的大部分幼苗在第一生长季末仍存活（占建成幼苗的 69％）③。

第六节　动物贮食的生态学意义

许多植物学家和生态学家都在不断探寻生产大颗种子的植物在自然生态系统中的作用，越来越多的研究探讨了分散贮食作为种子扩散机制的生态背景和结果。这些研究中关注最多的是以种子为食的野生动物所获得的好处、种子扩散、幼苗生长的方式、产生种子的植物在森林动态中的作用。

① LI H J, ZHANG Z B. Effect of rodents on acorn dispersal and survival of the Liaodong oak (*Quercus liaotungensis* Koidz.) [J]. Forest Ecology and Management, 2003, 176 (1-3): 387-396.

WALL V S B. A model of caching depth: implications for scatter hoarders and plant dispersal [J]. American Naturalist, 1993, 141 (2), 217-232.

WALL V S B. How plants manipulate the scatter-hoarding behavior of seed-dispersing animals [J]. Philosophical Transactions of the Royal Society B. Biological Sciences, 2010, 365 (1542): 989-997.

WALL V S B, JENKINS S H. Reciprocal pilferage and the evolution of food-hoarding behavior [J]. Behavioral Ecology, 2003, 14 (5): 656-667.

② 马逸清. 黑龙江省兽类志 [M]. 哈尔滨：黑龙江科学技术出版社, 1986.

③ 金志民, 杨春文, 邹红菲, 等. 黑龙江牡丹峰自然保护区鸟类多样性分析 [J]. 四川动物, 2009, 28 (2): 292-294.

一、对动物的生态学意义

食物是动物所有生命活动所需的能量和营养物质来源。取食行为是动物最常见、最基本的行为，是动物生存和繁殖所必需的基本活动，只有通过最有效的取食活动才能使动物生存和繁殖的机会增加。取食行为是一个复杂的过程，包括取食、获取、加工、摄入、贮藏等多项活动，取食行为是其他生命活动的基础，在取食活动中获取有利的食物能够提高动物生存适合度。贮食行为是许多动物适应不稳定食物资源供应而产生的适应性行为，尤其在高纬度或者高海拔等季节性强、气候变化大、生境条件不稳定的环境中较为常见[①]。在自然界中，许多生产种子的植物与其取食的动物（如啮齿动物和鸟类）之间存在显著的相互作用，贮食动物和植物种子或果实之间已广泛形成了一种包含取食的互惠或协同进化的关系，促进了动物的进化。进化历程使动物形成了完善的食物贮藏模式，积极保障它们在恶劣环境和食物短缺时期生存或繁殖活动的物质供给。贮食行为能够有效保障动物个体的生存或繁殖，对种群的繁衍具有深远的意义。

二、对植物的生态学意义

作为种子的消费者和传播者，啮齿动物在森林植被更新过程中发挥完全相反的两个作用：首先，作为种子取食者，啮齿动物大量取食种子而对树种更新具有对抗作用。在这个过程中，植物种子是消耗性的，对植被建立、更新没有益处。另外，作为种子扩散者，啮齿动物搬运和贮藏远大于其实际需求量的种子，尽管

---

① 粟海军，马建章，邹红菲，等. 凉水保护区松鼠冬季重取食物的贮藏点与越冬生存策略 [J]. 兽类学报，2006，26（3）：262-266.

被扩散的种子中很大部分会被取食，但仍有一些分散贮藏的种子由于被遗忘、贮量过多而剩余、贮食动物死亡等，能最终避免被啮齿动物取食和微生物破坏的结束，在适宜的环境中萌发，实现植物更新。植物从这些较少的存活种子中获得的收益远大于被大量取食而付出的代价，有利于促进植物更新，对稳定群落结构及维持物种多样性具有重要意义。

1. 减少密度依赖死亡

产生种子的植物下是集中的食物源，密度依赖的死亡率很高，贮食动物在生境中散布种子是对这些丰富的食物源作出的反应。种子被动物从植物下移开、搬运、埋藏后远离母树，通过形成更低密度或更均匀的种子分布模式，有效地保护种子免受竞争者的侵害。一般啮齿动物对种子的扩散距离可达约 100 m，多个贮食点彼此之间的距离通常为几米，鸦科鸟类的扩散距离可达数千米。种子经动物扩散后，避免了母树附近的密度依赖死亡，有效降低了母树下种子和幼苗的竞争强度、避免了病原菌、增加了自身繁殖适合度、拓展了生存分布空间。

2. 促进植物萌发与更新

动物贮藏种子是植物更新过程中的一个关键步骤，因为地表的条件并不适于种子存活，暴露于地表的种子容易被取食，例如，微生物、昆虫、野猪、鹿、雉鸡、松鸡等对种子的消耗是破坏性、掠夺性的。山雀、松鸦、啄木鸟等鸟类将种子贮藏在高架地点，也不利于种子存活，这些动物取食种子后影响植被的更新而不给植物带来任何好处。即使是被动物集中贮藏的种子也很少能够促进植物更新。分散贮藏的种子对植物种群的更新和动态具有重要作用。分散贮藏的种子有效降低了被动物取食的概率，埋得越深，被取食的概率越低；埋藏也为种子提供了一个适宜的环境，避免地表高温和干燥造成破坏，使种子维持更长的生存时间。因此，被埋藏的种子能比地表的种子更好地发芽和生根。

3. 扩展新的分布范围，有利于生态恢复

动物经常把食物藏在有利于幼苗建立的生境和微生境中。动物会把种子、果实从繁茂的森林中运送到处于演替系列早期的生境中，例如荒地、灌丛、林隙等，这样的生境中竞争者分布较少，能够减少贮藏食物的偷盗率，这样开放生境中的幼苗通常与成熟的木本植物竞争较少，所以所处的光环境更好。枯落物厚度、光照、水分等微生境条件是种子萌发和幼苗成功存活的关键性因素，如果这些种子通过借助啮齿动物的取食行为来寻求适宜种子萌发和幼苗生长的微生境，就有很大的机会建立和拓展新的分布区域，有利于森林生态系统的保护和恢复。

三、互惠的协同进化

在取食和贮食的相互作用中，贮食动物和植物已广泛形成了互惠的协同进化关系。动、植物彼此都进化出了一些特性，而这些特性的作用是加强互惠关系，一方面，植物形成了一系列操纵动物的行为和提高种子传播效率的策略；另一方面，动物亦形成了一系列应对植物防御的策略和提高取食和贮藏种子效率的行为策略。

1. 植物的进化

动物的取食偏好给植物种子进化形成了较强的选择压力，动物从果实和种子的形态及化学方面对多种植物性状施加选择压力。

通过明确动物的取食偏好，可以更好地理解植物种子性状的进化过程。长期进化过程中，植物在种子形态、化学防御、年度种子生产模式方面已经发展出对分散贮食动物作为取食者和扩散者的双重身份的适应性，从而最大限度地从这些动物伙伴那里获得互惠的利益。植物具有的很强的承受选择压力的潜力，种子在形态特征以及物理和化学性质方面构建微妙的平衡，从而实现有

差别地适应众多取食者，并影响动物的贮食行为。

一些植物被认为已经进化出操纵贮食动物行为的能力，以增加种子贮藏的可能性。它们通常具有较大的种子，种子含有较高比例的碳水化合物、脂类、蛋白质，从而迅速满足动物的需求。取食种子让贮食动物快速获得饱腹感反过来又增加了种子被贮藏的可能性。较厚而硬的种皮需要动物付出大量的努力才能去除，这样的特征增加了动物处理食物的时间、被捕食风险、竞争者的获得率，因此种皮特征通常促使动物快速完成扩散贮食，以便占有更多的资源。单宁和养分含量之间的比例关系可能也具有类似的作用。

2. 动物的进化

动物进化出各种形态结构来处理种子，例如，松鼠科动物具有上、下颌发达的肌肉，是少数能够打开胡桃等具有坚硬果壳的动物种类之一；许多鸦科鸟类有尖锐的、凿形的喙；运送小坚果（花生、橡子、榛子）的动物通常有特殊的结构（颊囊、舌下袋、可膨胀的食道），可以同时携带多颗种子；而扩散大坚果（如山核桃、栗子）的动物通常缺乏特殊的结构，它们会在嘴里或牙齿间携带单颗坚果。运输结构显然是进化的，因为长距离运输小种子对动物没有太多益处，除非可以同时运输许多坚果。一些啮齿动物进化出切胚行为，以此阻止种子发芽。贮食动物的贮食方式、贮食行为模式、对营养物质的偏好、贮食点、贮食生境选择偏好等差异性也是对植物种子的进化适应。

第二章
张广才岭地区自然概况

第一节　研究地的自然概况

一、地理位置

　　张广才岭为兴安岭山系长白山的支脉，位于中国东北地区东部山地北段的中轴部位，大部分在黑龙江省境内东南部，一部分向南伸入到吉林省敦化市北部，分东西两支，蛟河盆地以西为西老爷岭，蛟河盆地以东为威虎岭。张广才岭北起松花江畔，南接长白山，东与完达山相连，西缘延伸到吉林省境内，是构成中国东北地区东部山地的主体之一。张广才岭主脊为北东方向，是蚂蚁河与牡丹江的分水岭，南起吉林省敦化市，北接小兴安岭南麓，超过海拔 1 000m 的山峰有 20 多个，平均海拔 800 多米，主峰大秃顶子高达 1 686.9m，是黑龙江省第一高峰。主脊南延支脉则是松花江上游和牡丹江上游的分水岭，主脊以东绝大部分在黑龙江省牡丹江市海林市境内。

　　《张广才岭森林啮齿动物分散贮食行为与策略》主要研究地点分别位于海林市横道河子林区（东经 $129°06'$—$129°15'$，北纬 $44°44'$—$44°55'$，海拔 $460 \sim 600m$），海林市柴河林区的新房子、大青沟、二道河子地区，牡丹江市市郊三道林场林区（东经 $129°24'$—$129°32'$，北纬 $44°40'$—$44°45'$，海拔 $380 \sim 550m$）。

二、地形地貌

张广才岭山势高峻，地形复杂，既有悬崖绝壁，又有深谷陡坡。由张广才岭主脊向两侧，逐渐由中山降为低山和丘陵，属于流水侵蚀山地。沿张广才岭主脊和锅盔山主脊主要为侵蚀剥蚀中山，多具有平缓的山顶，分布在张广才岭主脊东坡及锅盔山地区的主要为侵蚀剥蚀低山，分布在张广才岭主脊西坡的主要是侵蚀剥蚀丘陵。

张广才岭的山体、岩体、山脊、河流、地层切断或错开，陡坎、陡崖、断层三角面成线状分布，呈线状负地形，如直线河谷、峡谷，山鞍基本上按线状延展。

三、水系

张广才岭水系比较发达，以东为牡丹江水系，以西为玛河（蚂蚁河）、阿什河、拉林河水系，西北达松花江谷地，东南达松花江上游的松花湖、牡丹江发源地牡丹岭，东北邻接倭肯河河谷平原，南与吉林省的西老爷岭、威虎岭相接，此外还有镜泊湖、莲花湖等天然或人工湖泊。

张广才岭地区内河流为地下水排泄通道，在集中降水时期，河流水位大幅度升高，流量骤增，对沿河滩地地下水有补给作用。随海拔高度的升高，降雨量明显增多，据实测雨量资料分析，岭西坡每升高 100m，年降雨量增加 140mm；海拔 380m 以上的岭顶每升高 100m，年降雨量增加 90mm。岭东坡年降雨量约 500～600mm。仅黑龙江省牡丹江市东宁市东南的白刀山一带降雨量较多，在 600mm 以上，且随海拔高度变化也不明显。降雨量的年际变化也很剧烈，平原地区在多雨年份年降雨量可达 700mm，在少雨年份年降雨量仅 300mm。研究人员分析牡丹江市的降水序列发现，其降雨变化有 20 年左右的周期，2000 年以前降雨量在多雨周期内波动。

四、气候

张广才岭地处中纬度，气候属温带和寒温带大陆性季风气候，四季分明，雨热同季。极端最高气温 37 ℃，极端最低气温－44.1℃，年平均气温 2.3～3.7℃。年平均冻结期 160～229d，季节冻土深度 1.8～2.5m。无霜期 100～160d，大部分地区的初霜冻在 9 月下旬出现，终霜冻在 4 月下旬至 5 月上旬结束。降水量 400～800mm，多集中在 6—9 月份，占全年降水量的 50%～70%，春季降水量少，夏秋季降水量多。湿润系数 0.7～1.3，以中部山区最多，东部次之，西部和北部略少。

第二节　研究地的植被特征

一、主要植被类型

张广才岭地区地貌形态复杂，地形条件多样。山系面积约为 5.21 万 km²，林地面积约为 203 万 hm²，林木蓄积量约为 2.2 亿 m³，天然林面积占森林总面积的 91.8%，人工林面积占总面积的 8.2%。森林资源丰富，植物种类众多，植被区系类型以典型的温带森林为主，原为红松小叶阔叶林山地丘陵景观类型，主要森林植被类型为针阔叶混交林，是东亚针阔叶混交林的分布中心，占据了山系的大部分地区。由于多年自然及人为干扰的影响，现在几乎所有海拔 800m 以下的区域多演替成栎林丘陵地景观类型，其中苔地已为农田景观代替。

张广才岭地区的森林群落类型主要为原始森林植被、次生林森林植被、次生林与农田交错的疏林植被、人工针叶林植被 4 种基本类型，主要以次生林为主，包括红松阔叶林、蒙古栎林、落叶阔叶林、杂木林、白桦林等多种类型。

二、原始森林

原始森林多分布在张广才岭深山区，海拔高，人迹少，采伐轻，受经济活动影响较少，具有原始森林特点。

原始针叶林，主要分布在海拔 900～1 650m 的针叶林带，以云杉（*Picea asperata*）和冷杉（*Abies fabri*）为主，亦有硕桦（*Betula costata*），为冷云杉林。

原始针阔混交林，主要分布在海拔 500～900m 的林带，针叶树有红松（*Pinus koraiensis*）、云杉、冷杉，阔叶树有紫椴（*Tilia amurensis*）、辽椴（*Tilia mandshurica*）、裂叶榆（*Ulmus laciniata*）、硕桦、色木槭（*Acer pictum*）、黄檗（*Phellodendron amurense*）、胡桃楸（*Juglans mandshurica*），灌木有刺五加（*Acanthopanax senticosus*）等。

原始阔叶林，主要分布在 300～500 m 的阔叶林带，树种以蒙古栎（*Quercus mongolica*）、辽椴、色木槭等为主，森林植被乔木层、灌木层和地表草本层分层明显。

三、次生林森林

次生林分布在张广才岭深山区及向疏林区的过渡地带，该地带地势相对较高。原始森林经大强度采伐后，只保留少量的原始树木，与杨树和桦树等次生种构成次生林，在张广才岭有次生针阔混交林和次生阔叶林。

次生针阔混交林的针叶植被有红松、云杉、冷杉，阔叶植被有青杨（*Populus cathayana*）、白桦（*Betula platyphylla*）、毛白杨（*Populus tomentosa*）、紫椴、辽椴、裂叶榆等，乔木层、灌木层、地表草本层分层明显。

次生阔叶林的主要乔木树种是蒙古栎、紫椴、辽椴、裂叶榆、硕桦、色木槭、黄檗、胡桃楸等，灌木以毛榛（*Corylus mandshurica*）为主，还有接骨木（*Sambucus williamsii*）、胡枝子（*Lespedeza bicolor*）等，也具有明显的乔木层、灌木层、地表草本层。

四、疏林

在张广才岭，疏林主要分布在次生林与农田交错的半森林植被地带，该地带的农业经济活动较多，植被长期被开发利用，坡度较缓、土壤较厚的地段被开垦成农田。一些森林地段原生树木被伐尽，有次生蒙古栎林和人工种植的幼龄针叶树，多形成疏林灌丛，气候干燥，地表草本植物少，落叶层薄，森林植被不断退化。

疏林的乔木稀少，以蒙古栎为主，灌木以毛榛、接骨木等为主。

森林经大强度采伐后，植被被破坏，乔木层基本消失，地表以各种树木枝条为主，草本植物繁茂。

五、人工针叶林

在张广才岭，人工针叶林分布在半山区和深山区，多为小面积的斑块。人工栽植的主要树种有红松、落叶松、樟子松、云冷杉。半山区的林地，气候干燥，地表草本植物和灌木少，落叶层薄，植被仅以乔木层为主。

六、其他植被

在张广才岭，森林草甸的乔木以白桦、落叶松为主，间有少量白杨；下层灌木较多，有接骨木、蓝靛果忍冬等；草本植物以苔草为主。湿度较大，土壤有积水。

农田中主要的粮食作物是玉米和大豆。

七、经济植物

在张广才岭，经济植物有红松、云杉、冷杉、黄檗、胡桃楸、水曲柳（*Fraxinus mandshurica*）等 10 多种珍贵木材树种；有人参（*Panax ginseng*）、党参（*Codonopsis pilosula*）、珊瑚菜（*Glehnia littoralis*）、蒙古黄芪（*Astragalus membranaceus*）、五味子（*Schisandra chinensis*）、刺五加、列当（*Orobanche coerulescens*）、苍术（*Atractylodes Lancea*）等 150 多种药用植物。

八、主要种子植物

张广才岭是亚洲东北部地区生态环境保持良好、生物多样性最为丰富的地区之一，也是重要的天然种子库。张广才岭的一些植物种类的种子以风媒方式传播，如水曲柳、桦树、榆树、杨树等；还有许多主要植物产生大颗种子，如红松、云杉、冷杉、蒙古栎、胡桃楸、黄檗、毛榛、山杏等，主要通过啮齿动物、鸟类等动物取食进行传播。

第三节 研究地的动物资源

一、啮齿动物类群

张广才岭的森林资源丰富，林地生境中啮齿动物种类和数量丰富。啮齿目动物有 15 种，隶属于 3 科 14 属，其中古北种 12

种，广布种 3 种（表 2 - 1）。研究地区的啮齿动物群落以大林姬鼠、黑线姬鼠、棕背䶄等不同种组合构成的优势种群落为主体。

表 2 - 1　研究地区主要啮齿动物名录

序号	物种	主要生境	区系从属
1.	**松鼠科 Sciuridae**		
（1）	松鼠属 *Sciurus*		
①	松鼠 *Sciurus vulgaris*	针叶林、针阔混交林	古北种
（2）	飞鼠属 *Pteromys*		
②	飞鼠 *Pteromys volans*	针叶林、针阔混交林	古北种
（3）	花鼠属 *Tamias*		
③	花鼠 *Tamias sibiricus*	针叶林、针阔混交林、灌丛	古北种
2.	**仓鼠科 Circetidae**		
（4）	仓鼠属 *Cricetulus*		
④	黑线仓鼠 *Cricetulus barabensis*	阔叶林	古北种
（5）	大仓鼠属 *Tscherskia*		
⑤	大仓鼠 *Tscherskia triton*	阔叶林、灌丛、草地草甸	古北种
（6）	棕背䶄属 *Craseomys*		
⑥	棕背䶄 *Craseomys rufocanus*	针叶林、针阔混交林、灌丛	古北种
（7）	䶄属 *Myodes*		
⑦	红背䶄 *Myodes rutilus*	针叶林、针阔混交林、灌丛	古北种
（8）	东方田鼠属 *Alexandromys*		
⑧	东方田鼠 *Microtus fortis*	林间沼泽湿地、草地草甸、灌丛	古北种
（9）	麝鼠属 *Ondatra*		
⑨	麝鼠 *Ondatra zibethicus*	林间沼泽湿地	古北种
（10）	平颅鼢鼠属 *Myospalax*		
⑩	东北鼢鼠 *Myospalax psilurus*	农田、田间荒林	古北种
3.	**鼠科 Muridae**		
（11）	小家鼠属 *Mus*		
⑪	小家鼠 *Mus musculus*	草地草甸、农田、灌丛	广布种

（续）

序号	物种	主要生境	区系从属
（12）	家鼠属 Rattus		
⑫	褐家鼠 Rattus norvegicus	草地草甸、农田、灌丛	广布种
（13）	姬鼠属 Apodemus		
⑬	大林姬鼠 Apodemus peninsulae	阔叶林、针阔混交林、灌丛	古北种
⑭	黑线姬鼠 Apodemus agrarius	阔叶林、灌丛、草地草甸、农田	古北种
（14）	巢鼠属 Micromys		
⑮	巢鼠 Micromys minutus	草地草甸、农田	广布种

资料来源：金志民等，2012，黑龙江省东南部林区啮齿动物群落结构及数量季节变动研究。

注：表格中的引用内容有调整。

二、野生动物资源

张广才岭野生动物区系主要为古北界种类，脊椎动物以寒温带栖息类型动物为主。

兽类分布有 50 余种，包括东北虎（*Panthera tigris*）、豹（*Panthera pardus*）、梅花鹿（*Cervus nippon*）、马鹿（*Cervus elaphus*）、原麝（*Moschus moschiferus*）、紫貂（*Martes zibellina*）、黑熊（*Ursus thibetanus*）、狍（*Capreolus pygargus*）、野猪（*Sus scrofa*）、赤狐（*Vulpes vulpes*）、獾（*Meles meles*）、黄鼬（*Mustela sibirica*）、欧亚水獭（*Lutra lutra*）、猞猁（*Felis lynx*）、雪兔（*Lepus timidus*）等。在兽类组成中，食肉类、啮齿类动物所占比例较高，具有北方寒温带地区动物区系的组成特征。

鸟类有金雕（*Aquila chrysaetos*）、东方白鹳（*Ciconia boyciana*）、丹顶鹤（*Grus japonensis*）、黑鹳（*Ciconia nigra*）、苍

鹭（*Ardea cinerea*）、绿头鸭（*Anas platyrhynchos*）、罗纹鸭（*Anas formosa*）、苍鹰（*Accipiter gentilis*）、毛脚鵟（*Buteo lagopus*）、凤头蜂鹰（*Pernis ptilorhynchus*）、雀鹰（*Accipiter nisus*）、松雀鹰（*Accipiter virgatus*）、红隼（*Falco tinnunculus*）、普通鵟（*Buteo buteo*）、西红角鸮（*Otus scops*）、长尾林鸮（*Strix uralensis*）、环颈雉（*Phasianus colchicus*）、花尾榛鸡（*Bonasa bonasia*）、黑琴鸡（*Lyrurus tetrix*）、矶鹬（*Tringa hypoleucos*）、山斑鸠（*Streptopelia orientalis*）、黑水鸡（*Gallinula chloropus*）、普通翠鸟（*Alcedo atthis*）、灰头绿啄木鸟（*Picus canus*）、大斑啄木鸟（*Dendrocopos major*）、山鹡鸰（*Dendronanthus indicus*）、松鸦（*Garrulus glandarius*）、喜鹊（*Pica pica*）、灰喜鹊（*Cyanopica cyanus*）、大山雀（*Parus major*）、白头鹀（*Emberiza leucocephalos*）等。候鸟比例较大，留鸟比例较小。

由于气候原因，两栖类、爬行类在此分布种类较少。爬行类主要有黑龙江草蜥（*Takydromus amurensis*）、白条锦蛇（*Elaphe dione*）、棕黑锦蛇（*Elaphe schrenckii*）、乌苏里蝮（*Gloydius ussuriensis*）、岩栖蝮（*Gloydius saxatilis*）等。两栖类主要有极北鲵（*Salamandrella keyserlingii*）、中华蟾蜍（*Bufo gargarizans*）、东方铃蟾（*Bombina orientalis*）、黑斑侧褶蛙（*Pelophylax nigromaculata*）、东北雨蛙（*Hyla ussuriensis*）、东北林蛙（*Rana dybowskii*）、黑龙江林蛙（*Rana amurensis*）等。

鱼类有雷氏七鳃鳗（*Lampetra reissneri*）、鲤（*Cyprinus carpio*）、银鲫（*Carassius auratus* subsp. *gibelio*）、哲罗鱼（*Hucho taimen*）、细鳞鲑（*Brachymystax lenok*）、黑龙江茴鱼（*Thymallus arcticus* subsp. *grubei*）、狗鱼（*Esox reicherti*）、瓦氏雅罗鱼（*Leuciscus waleckii*）、江鳕（*Lota lota*）、葛氏鲈塘鳢（*Perccottus glenii*）等。

第三章
张广才岭地区啮齿动物群落多样性研究

生物群落作为生态系统中具有生命的部分，其种类组成是最基本的特征，也是度量群落多样性的基础。群落结构的时空格局，是研究群落性质与功能、群落变化或演替必不可少的内容。群落结构的时间格局，是由自然环境因素的时间节律所引起的啮齿动物群落在时间结构上相应的周期性或不规则的变化，如季节波动、1年或多年周期性波动、数十年及其以上的长期变动等。群落结构的空间格局，主要表现在环境多样性与物种多样性的关联，物种多样性水平取决于特定环境中的资源及其空间配置、生境结构类型及其镶嵌程度。

啮齿动物种类数量多、繁殖能力强、分布范围广，是许多食肉动物的食物来源，成为多种陆地生态系统食物链的关键环节。啮齿动物群落中种类和数量的大幅波动，对生物多样性和植物生产力都会产生重要影响。有关啮齿类群落结构的时空变化的研究很多，群落中物种随气候、小生境和食物发生变化，物种的种群数量和生活史性状等各因子便也会变化，由此群落的物种组成、多样性、种间关系等也随时间和空间而变化。

中国东北地区温带森林生态系统保持良好，生物多样性非常丰富，是重要的林木资源和天然种子库。该区域啮齿动物种类多、数量大、分布广、适应性强，具有比较特殊的生理、生态特点，尤其对生境变化较为敏感，可以作为生物多样性和生态环境监测与评价的指示类群，反映环境变化和干扰程度。在自然界中，啮齿动物是一些食肉动物的主要食物来源，是构成陆地多种类型生态系统食物链的重要环节，其种群数量的大幅波动对生物多样性和植物生产力都会产生重要影响。

了解和研究张广才岭地区的啮齿动物群落多样性，是开展生态学研究的前提，能为温带森林生态系统的种内、种间关系相关研究提供参考数据，为开展啮齿动物贮食、取食研究提供重要的基础，对有效防治鼠害具有重要意义。

第一节　啮齿动物群落多样性的研究方法

有关小型兽类资源的调查方法很多，常随动物种类、栖息地特征和研究目的而不同。其中笼捕法、铗捕法、陷阱法、挖洞法、计洞法等方法在多数小型兽类中被广泛使用，但这些方法通常极少能够直接观察到研究的动物。红外相机技术正逐渐发展成为兽类多样性和种群密度监测的常规方法，但对于地栖性小型兽类而言，红外相机技术常对物种和个体难以区分。

研究的采用铗捕铗日法、笼捕铗日法、红外相机技术检测法调查啮齿动物群落物种组成。研究人员在横道河子林区选择阔叶林和针阔混交林样地各 3 块，在三道林场林区选择选择阔叶林、针阔混交林、林缘灌草丛样地各 3 块，样地面积均大于 2hm²，在同一样地中分成两个区域，间隔大于 20m，按照铗日法方式，分别布设捕鼠铗和捕鼠笼，每铗（笼）放置 1 昼夜为 1 个铗日。

一、铗捕法

按照铗日法方式，选择捕鼠铗 2 号铁板铗，规格为 15cm×8cm。每块样地按 3～4 条线布铗，样线间距 20m；每条样线上铗距 5m，按地形地势等特点，每条样线上布置 50 个铁铗。采用炒熟的白瓜子为诱饵。次日（24h后）检查动物捕获情况，补充诱饵，记录捕获动物种类、数量。原地连续捕捉 2~3d。损坏和丢失的铁板铗数量未统计在数据内。

二、笼捕法

按铗日法方式，采用笼捕法捕捉啮齿动物活体样本。专用捕鼠笼为铁皮材质，规格为 25cm×10cm×8.5cm，按照动物捕捉器装置制作。捕鼠笼内放置炒熟的白瓜子或者麻花（补充食物、增加香味）、胡萝卜（补充水分）作为诱饵，放置棉花供啮齿动物做巢保暖。在每个样地内按 2~3 条样线布笼，样线间距20m；每条样线上笼距 5m，共布置 50 个捕鼠笼。次日（24h后）检查啮齿动物捕获情况，分别统计捕获种类与数量，原地连续捕捉2~3d。将笼捕的活的啮齿动物带回实验室饲养，以供后续实验使用。损坏和丢失的捕鼠笼数量未统计在数据内。

三、红外相机技术检测法

在调查样地内布设红外感应相机（Ltl Acorn，LTL-6310MC）。红外相机拍摄模式设置为拍照＋录像模式，相机触发后先进行 3 次连拍，拍摄照片 10s 之后，相机自动切换为录像模式，录像时长为 10~15s，间隔 30s。校对相机编号和日期时间后，将相机用绑扎带固定在距离地面高 30cm 左右的树干上或其他固定物上，相机前 30~80cm 地面上投放诱饵（标记的红松、毛榛、蒙古栎种子），调整相机镜头角度，对准投放种子处。每条样线布设 6 台相机，间隔 20m（在横道河子阔叶林地布置24 台，三道林场子阔叶林地布置 12 台）。相机布置若干天后取回，收集照片和录像数据分类存放，照片和录像自动记录日期、时间、环境温度、月相等信息。

四、调查方法的对比分析

　　铗捕法、笼捕法、红外相机技术检测法 3 种不同的调查方法各具优势，对于群落多样性组成和比例调查结果一致，如果合理应用，这 3 种调查方法可以适用于不同研究内容。但由于样地数量和布设调查工具数量有限，可能没有完全反映出该地区啮齿动物的区系特征，因此，收集到的信息仅作为调查样点群落结构和动态的对比研究。

　　捕鼠铗是最传统常用的调查工具，安放简单、快速，代价较低且可操作性强，广泛用于啮齿类动物短期种群密度估计和物种多样性调查。但捕鼠铗会导致动物个体死亡，在很多研究中的使用受到限制，可用于森林鼠害控制和防治。笼捕法适用于捕捉活体，对物种和生境的影响最小，从动物保护和动物伦理的角度考虑，值得采用和推广，国外学者经常用此方法进行啮齿类动物等小型兽类的多样性和种群的连续监测。但捕鼠笼成本较捕鼠铗高，同时其体积较大，不适于大量携带。研究中，铗捕法、笼捕法在捕获数量方面未表现出差异，这与棕背䶄调查研究结果一致，说明两种方法的效果相似，但投放诱饵的差异也可能产生一定的影响。另外，由于规格大小的限制，铗捕法和笼捕法无法调查松鼠这样体型较大的动物。

　　红外相机技术检测法能够将定性和定量相结合，具有可昼夜连续工作、人工调查成本低、无创伤、环境干扰小、抗环境变化、获得高度隐蔽物种和地形复杂区域信息等优点，在调查样本时间和观测动物习性方面具有优越性，克服了铗捕法和笼捕法需要经常检查（一般 24h 后）、无法直接和连续观测动物活动的不足，在雪豹和水鹿等大、中型兽类及珍稀濒危动物的监测、个体识别、数量估测、生境特征、行为模式、活动节律等方面成为使用热点。但由于监控的范围限制，红外相机技术检测法记录到的姿势、动作、行为种类少于直接通过观察圈养动物获得的信息。而且红外相机设备成本较高，无法像捕鼠铗和捕鼠笼一样进行大量布设。另外，对于夜行性小型兽类，因为"自然标记"不明显，难以通过夜间所摄照片和录像进行个体识别。因此，在不需要个体识别的啮齿动物监测中可采用红外相机技术检测法为主、抽样捕捉调查为辅的方法，以提高调查的可靠性和精确度。利用红外相机技术的动物资源调查通常还忽略动物种群动态变化，调查结果取决于动物出现的概率，研究显示：一些松鼠科动物的活动范围较大，巢域面积可达 $0.16\sim1.90$hm^2；大林姬鼠的巢域面积为 $599\sim7\ 798$m^2；棕背䶄的巢域面积较小，平均为 $214\sim323$m^2，因为松鼠科动物和大林姬鼠的运动能力强、活动范围广，被拍摄到的概率大一些，所以在统计时松鼠科动物、大林姬鼠的巢域面积可能偏大。因此，科学合理地选择样地和布设相机非常重要。

五、物种多样性指数

研究采用了香农-维纳（Shannon‐Weiner）多样性指数、皮洛（Pielou）均匀度指数、辛普森（Simpson）优势度指数、马加利夫（Margalef）丰富度指数，分析啮齿动物群落的多样性特征。

香农-维纳（Shannon‐Weiner）多样性指数是一种常用的测定群落中物种多样性的指数，计算公式为：

$$H = -\sum P_i \ln P_i$$

式中，H 为群落多样性指数，$P_i = N_i/N$，表示第 i 种的个体数占群落中总个体数的比例（相对多度）。其中，N_i 是第 i 个种的个体数目，N 是群落中所有种的个体总数。

皮洛（Pielou）均匀度指数用来表示群落中物种的均匀度，计算公式为：

$$E = H/H_{max}$$

式中，E 为皮洛均匀度指数，H 为实际观察的物种多样性指数，H_{max} 为最大的物种多样性指数，$H_{max} = \ln S$。其中，S 为群落中的总物种数。

辛普森（Simpson）优势度指数通常用来表示群落中物种的集中程度，计算公式为：

$$D = 1 - \sum P_i^2$$

式中，D 为辛普森（Simpson）优势度指数，P 为物种 i 的个体数所占群落总个体数的比值。

马加利夫（Margalef）丰富度指数反映了群落中物种的丰富度，计算公式为：

$$R = (S-1) / \ln N$$

式中，R 为丰富度指数，S 为群落中的物种总数目，N 为观察到的所有物种的个体总数。

六、数据统计

利用 Excel 工作表和 SPSS 22.0 软件进行数据统计处理与检验分析，计算不同物种比率。根据不同研究内容的需要，分别利用 t 检验（t test）、独立样本检验（Mann‑Whitney U 检验）进行数据检验，显著性水平为 $\alpha = 0.05$，极显著水平为 $\alpha = 0.01$。

第二节　研究区域的啮齿动物群落多样性

啮齿动物是多种陆地生态系统食物链的重要环节，是探讨动植物互惠、协同进化关系等生态功能的模式动物，啮齿动物的种类与数量的变化波动对生物多样性和植物生产力都会产生重要影响。对中国东北地区张广才岭温带森林中啮齿动物进行调查研究，以期了解该生态域啮齿动物种类组成、生境分布特点、主要类群的季节和年际变化规律。研究结果显示：该研究区域的小型啮齿动物隶属 3 科 13 属 15 种，呈现典型的古北界区系特点，古北界物种 12 种，占 80％，广布种 3 种，占 20％。利用铗日法捕获的小型啮齿动物种类有 8 种，大林姬鼠和棕背䶄为该地区啮齿动物群落的优势种，年捕获率分别为 5.38％±0.71％、4.38％±0.61％；其次捕获率较高的种类是黑线姬鼠，年捕获率为 2.10％±0.15％。啮齿动物数量全年变化趋势呈单峰型，夏季 7、8 月份最高；年际间波动周期在 5 年左右，2014 年捕获率最高为 15.07％。啮齿动物多样性较高，多样性指数为 1.459，啮齿动物在 4 种生境中的分布的种数具有差异：森林草甸中分布有 7 种，多样性指数为 1.667，黑线姬鼠是优势种，占 38.16％，接下来是大林姬鼠和东方田鼠，分别占 18.23％、14.18％；阔叶林中分布有 7 种，多样性指数为 0.936，大林姬鼠和棕背䶄为优势种，分别占 58.69％、34.51％；针阔混交林中分布有 4 种，多样性指数为 0.889，大林姬鼠和棕背䶄为优势种，分别占 48.85％、45.62％；林缘农田中分布有 4 种，多样性指数为 0.760，黑线姬鼠是绝对优势种，占 62.77％，褐家鼠占 34.72％。

一、铗捕、笼捕结果

横道河子林区和三道林场林区的啮齿动物的捕获率见表 3-1、3-2。调查期间共布铗 2 893 铗日，捕获啮齿动物 276 只，捕获率 9.54％；布笼 3 960 铗日，捕获啮齿动物 367 只，捕获率 9.27％。捕获的啮齿动物均是典型的古北界物种，包括 3 科 5 属 6 种：鼠科姬鼠属大林姬鼠、黑线姬鼠；仓鼠科棕背䶄属棕背䶄、大仓鼠属大仓鼠、东方田鼠属东方田鼠；松鼠科花鼠属花鼠。

表 3-1 横道河子林区啮齿动物捕获情况统计

捕获方式	种类	布铗（笼）数/铗日	捕获数/只	捕获率/％	占比/％
铗捕	大林姬鼠		54	4.98	76.05

（续）

捕获方式	种类	布铗（笼）数/铗日	捕获数/只	捕获率/%	占比/%
铗捕	黑线姬鼠		8	0.74	11.27
	棕背䶄		1	0.09	1.41
	大仓鼠		1	0.09	1.41
	花鼠		7	0.65	9.86
	合计	1 085	71	6.55	100
笼捕	大林姬鼠		78	7.27	73.58
	黑线姬鼠		16	1.49	15.09
	棕背䶄		8	0.75	7.55
	大仓鼠		0	0.00	0
	花鼠		4	0.37	3.78
	合计	1 073	106	9.88	100

表 3-2　三道林场林区啮齿动物捕获情况统计

捕获方式	种类	布铗（笼）数/铗日	捕获数/只	捕获率/%	占比/%
铗捕	大林姬鼠		75	4.15	36.59
	黑线姬鼠		93	5.14	45.36
	棕背䶄		27	1.49	13.17
	大仓鼠		1	0.06	0.49
	东方田鼠		9	0.50	4.39
	花鼠		0	0.00	0.00
	合计	1 808	205	11.34	100
笼捕	大林姬鼠		92	3.19	35.25
	黑线姬鼠		102	3.53	39.08
	棕背䶄		48	1.67	18.39
	大仓鼠		13	0.45	4.98

（续）

捕获方式	种类	布铗（笼）数/铗日	捕获数/只	捕获率/%	占比/%
笼捕	东方田鼠		3	0.10	1.15
	花鼠		3	0.10	1.15
	合计	2 887	261	9.04	100

横道河子林区和三道林场林区两地铗捕方法的捕获率分别为6.55%和11.34%，笼捕方法的捕获率分别为9.88%和9.04%。经 Mann‑Whitney U 检验方法检验，铗捕和笼捕两种方法的捕获率无显著差异（横道河子：$Z=-1.316$，$P>0.05$；三道林场：$Z=-1.325$，$P>0.05$）。两个研究区域的捕获率也无显著差异（$Z=-1.047$，$P>0.05$）。

根据啮齿动物捕获数的占比分析，两个区域的啮齿动物群落组成与结构具有一定差异。横道河子林区调查样地的优势物种是大林姬鼠（占比74.58%），其次是黑线姬鼠（占比13.56%）；三道林场林区的优势物种是黑线姬鼠（占比41.85%）和大林姬鼠（占比35.84%），其次是棕背䶄（占比16.09%）。

二、红外相机监测结果

1. 啮齿动物的种类

红外相机监测到横道河子林区啮齿动物有效录像记录6 383条，取食投放种子的啮齿动物包括大林姬鼠、棕背䶄、花鼠、松鼠。经统计，大林姬鼠录像记录5 618条，占88.02%；花鼠记录523条，占8.19%；松鼠记录226条，占3.54%；棕背䶄记录16条，占0.26%，大林姬鼠为研究区域的优势种（图3‑1）。

三道林场林区获得红外相机监测的有效录像记录2 356条，取食投放种子的啮齿动物包括大林姬鼠、黑线姬鼠、棕背䶄、花鼠、松鼠。经统计，大林姬鼠录像记录 1 106 条，占 46.94%；黑线姬鼠记录 903 条，占 38.33%；棕背䶄记录 151 条，占 6.41%；花鼠记录 89 条，占 3.78%；松鼠记录 107 条，占 4.54%。

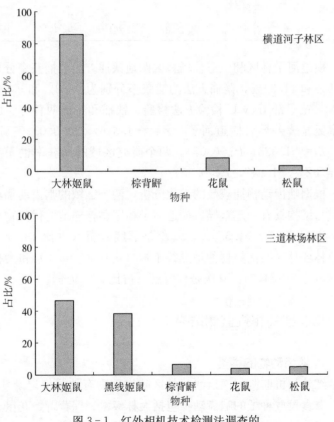

图 3-1　红外相机技术检测法调查的
两个林区啮齿动物群落结构

2. 啮齿动物的识别

　　花鼠、松鼠为昼行性动物，白天活动，红外相机监测到的录像中动物的颜色、花纹等特征明显，容易识别区分。其他小型啮齿动物多为夜行性动物，夜晚活动，因为光照强度较弱，所以夜晚拍摄的录像、照片均为黑白色，主要通过啮齿动物典型的形态和运动特征进行识别区分。大林姬鼠特征为耳大，尾长，体型匀称修长，善于快速跑，跳跃；黑线姬鼠的形态、行为与大林姬鼠相似，区别特征是黑线姬鼠的背部中央具明显纵走黑色条纹，起于两耳间的头顶部，止于尾基部，易识别区分；棕背䶄体态短粗，尾短，运动速度较慢，跳跃能力不强。

三、啮齿动物的群落结构

研究地区中，不同植被类型中的啮齿动物群落结构表明，优势种为大林姬鼠、黑线姬鼠、棕背䶄的不同组合。横道河子林区阔叶林、针阔混交林中大林姬鼠都是优势种，比例均超过70％。三道林场林区阔叶林中大林姬鼠、黑线姬鼠、棕背䶄的比例分别为47.46％、28.99％、19.20％，大林姬鼠是优势种；针阔混交林中黑线姬鼠、大林姬鼠、棕背䶄的比例分别为55.55％、25.40％、19.05％，黑线姬鼠是优势种；林缘灌草丛中黑线姬鼠、大林姬鼠、棕背䶄的比例分别为62.99％、15.75％、7.88％，黑线姬鼠是优势种（表3-3，图3-2）。

表3-3 横道河子和三道林场两个林区不同生境中啮齿动物的群落结构

研究地点	种类	阔叶林中啮齿动物比例/%	针阔混交林中啮齿动物比例/%	林缘灌草丛中啮齿动物比例/%
横道河子林区	大林姬鼠	75.71	73.83	
	黑线姬鼠	11.43	14.95	
	棕背䶄	10.00	1.87	
	大仓鼠	0	0.94	
	东方田鼠	0	0	
	花鼠	2.86	8.41	

(续)

研究地点	种类	阔叶林中啮齿动物比例/%	针阔混交林中啮齿动物比例/%	林缘灌草丛中啮齿动物比例/%
三道林场林区	大林姬鼠	47.46	25.40	15.75
	黑线姬鼠	28.99	55.55	62.99
	棕背䶄	19.20	19.05	7.88
	大仓鼠	3.99	0	2.36
	东方田鼠	0.36	0	9.45
	花鼠	0	0	1.57

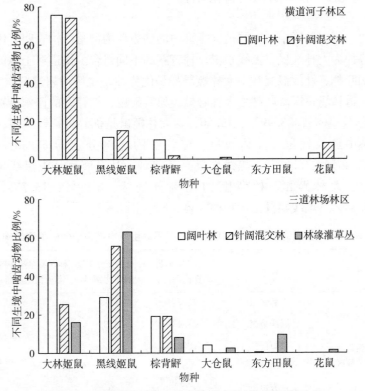

图 3-2 横道河子和三道林场两个林区不同生境中
啮齿动物的群落结构

四、啮齿动物的群落多样性

根据铗捕法、笼辅法、红外相机技术检测法 3 种调查方法的数据计算（表 3-4），两个调查区域比较结果显示，三道林场林区啮齿动物的香农-维纳（Shannon－Weiner）多样性指数 H 和皮洛（pielou）均匀度指数 E 均高于横道河子林区的相应指数（H：$t=-3.926$，$P<0.05$；E：$t=-3.097$，$P<0.05$）。相反，横道河子林区啮齿动物的辛普森（Simpson）优势度指数 D 高于三道林场林区的指数（$t=4.287$，$P<0.05$）。

表 3-4　横道河子林区和三道林场林区啮齿动物群落的多样性、均匀度、优势度、丰富度比较

调查方法	研究地点	生境	种数/种	香农-维纳（Shannon－Weiner）多样性指数 H	皮洛（Pielou）均匀度指数 E	辛普森（Simpson）优势度指数 D	马加利夫（Margalef）丰富度 R
铗捕法	横道河子林区	总体	5	0.802	0.499	0.596	0.938
		阔叶林	3	0.456	0.415	0.764	0.629
		针阔混交林	4	0.870	0.628	0.524	0.779
	三道林场林区	总体	5	1.157	0.719	0.356	0.751
		阔叶林	4	1.104	0.732	0.396	0.628
		针阔混交林	3	1.032	0.939	0.369	0.628
		林缘灌草丛	3	0.712	0.648	0.547	0.512
笼捕法	横道河子林区	总体	4	0.830	0.599	0.567	0.643
		阔叶林	3	0.822	0.749	0.521	0.522
		针阔混交林	4	0.766	0.553	0.605	0.733
	三道林场林区	总体	6	1.298	0.725	0.311	0.899
		阔叶林	5	1.250	0.777	0.318	0.791

（续）

调查方法	研究地点	生境	种数/种	香农-维纳（Shannon-Weiner）多样性指数 H	皮洛（Pielou）均匀度指数 E	辛普森（Simpson）优势度指数 D	马加利夫（Margalef）丰富度 R
笼捕法	三道林场林区	针阔混交林	2	0.500	0.722	0.644	0.434
		林缘灌草丛	6	1.167	0.651	0.416	1.101
红外相机技术检测法	横道河子林区	总体	4	0.451	0.325	0.783	0.342
	三道林场林区	总体	5	1.163	0.723	0.375	0.515

　　由于捕获的啮齿动物种类和数量的差异，不同生境类型的香农-维纳（Shannon-Weiner）多样性指数、皮洛（Pielou）均匀度指数的比较结果未显出一致性。在横道河子林区，利用铗捕法的数据计算，针阔混交林的香农-维纳（Shannon-Weiner）多样性指数（0.870）高于阔叶林的指数（0.456），笼捕结果相反但差别不大（针阔混交林0.766，阔叶林0.822）。在三道林场林区，铗捕法和笼捕法的调查结果显示，根据铗捕法的数据计算，香农-维纳（Shannon-Weiner）多样性指数表现为：阔叶林（1.104）＞针阔混交林（1.032）＞林缘灌草丛（0.712），根据笼捕法的数据计算，多样性指数结果显示：阔叶林（1.250）＞林缘灌草丛（1.167）＞针阔混交林（0.500）。

　　张广才岭森林生态系统中啮齿动物种类丰富，啮齿动物群落以大林姬鼠、黑线姬鼠、棕背䶄不同种类组合构成的优势种群落为主体。但不同区域和林型中的物种组成和捕获数量并不相同，作为同域分布的啮齿动物主要分布生境略有差别，针阔混交林为棕背䶄的最适宜生境，阔叶林中棕背䶄也占有一定比重；大林姬鼠最适生境为阔叶林，在针阔混交林中也是重要种类；黑线姬鼠在林缘灌草丛、农田、草地、草甸分布较多；大仓鼠在农田附近中较多；东方田鼠在林间草丛、草甸分布较多。从森林到灌丛，有从大林姬鼠、黑线姬鼠、棕背䶄群落演变成黑线姬鼠、大林姬鼠、棕背䶄群落和黑线姬鼠、大林姬鼠群落的趋势。由于森林采伐等干扰的影响，一些次生林和人工林替代原始林和混交林，森林生态系统失去原有的平衡，使植被群落演替处于过渡阶段，导致群落结构和数量发生变化。因此，不同生境中啮齿动物的物种数、群落结构、种群数量、多样性特征具有差异，主要种类的分布受植被类型、温度、湿度、食物资源状况和动物利用方式、物种生态特性的影响，表现出随地理性、植被地带性、生境而变化的规律性。

物种多样性是一个综合指标，需要考虑物种丰富度（物种种数）和均匀度（物种丰度或者生物量分布）两方面因素。香农-维纳（Shannon-Weiner）多样性指数对稀有种较为敏感，而辛普森（Simpson）优势度指数对群落中的优势种和普通种较为敏感，因此群落的多样性和均匀度指数随着群落内物种数的增加而增加，但群落内优势度指数随之降低。

三道林场林区的物种多样性高于横道河子林区，但两个研究区域中不同植被环境中的啮齿动物组成和多样性指标明显不同。动物栖息地理论认为，生境选择特性是形成群落结构的重要机制，生境选择在啮齿动物中非常普遍，其复杂性对不同群落中物种共存起决定作用。任何一个群落的各个变量都有随环境变化而变化的动态特征，这些变量的变化导致群落结构发生变化。不同生境内的时空尺度、气候因素、食物和隐蔽条件、植被类型、人为干扰程度等因素都会影响啮齿动物生境选择，从而导致群落多样性产生差异。

第四章
啮齿动物选择的种子特征研究

　　啮齿动物通过取食植物种子、果实、根茎等而对林木产生巨大危害，但同时又搬运、贮藏植物种子，成为种子扩散的有效传播者。食物资源丰富时（如秋季种子成熟季节），很多啮齿动物将采集的食物贮藏起来以便调节食物在时间和空间上的分布；在食物资源短缺时（如冬季），啮齿动物再食用贮藏的食物，保障自身顺利度过食物匮乏期。啮齿动物在秋、冬季节或者干旱时期消耗了大部分的贮藏物，但仍有很多种子被其遗忘或忽略，也没有被其他个体所取食，当条件适宜时，一些种子会萌发并最终长成幼苗，植物从这些较少的存活种子中获得的收益远大于被大量取食而付出的代价。啮齿动物的分散贮食行为对森林种子库的形成具有重要促进作用，成为森林天然更新的重要驱动力。

　　在这种互惠作用的过程中，动、植物双方都进化出了一些特性，有效地加强了互惠关系。植物进化出的许多特征既促进了某些啮齿动物对果实和种子的扩散，同时也排除了昆虫、微生物等生物对植物单纯的破坏和消耗。啮齿动物的取食和贮食行为是一个复杂的过程，扩散种子的模式受到种子物理和化学特征、种子丰富度、啮齿动物种类和数量、生境和季节等时空特征、微生物和昆虫寄生等内外因素的综合影响。

　　种子的大小和质量、种皮特征、水分含量、营养物质、次生代谢产物等任何单一的性状都不能解释种子的扩散模式。因为很难区分种子单一性状对啮齿动物取食、贮食行为的影响和种子单一性状、啮齿动物之间的相互作用，所以种子性状组合在啮齿动物取食和贮食行为研究中非常重要。

　　在温带森林中，红松、蒙古栎、胡桃楸、毛榛、山杏等植物分布广泛，均产大颗种子，是啮齿动物主要的食物来源。经过研究可以了解这些常见种子的主要特征及啮齿动物对各类种子的选择特征，这是深入开展啮齿动物贮食生态学研究的基础，对于探索动、植物之间的互惠关系具有非常重要的意义。通过测定实验种子的基础特征，并与标记投放后啮齿动物选择的种子进行比较，有助于了解啮齿动物对主要林木种子的选择规律。

第一节　研究的材料与方法

一、实验种子测定

　　全部实验包括 7 种植物的种子：红松（*Pinus koraiensis*）、毛榛（*Corylus mandshurica*）、蒙古栎（*Quercus mongolica*）、胡桃楸（*Juglans mandshurica*）、山杏（*Prunus sibirica*）、李（*Prunus salicina*）、毛樱桃（*Cerasus tomentosa*）。在各单项实验中根据实验设计和研究内容不同，选用的种类和数量不同。在张广才岭林区，种子成熟季节时，采集新鲜果实，去除果皮后，将种子在常温下自然阴干后保存，直至使用。所有种子从采集到使用的时间不超过 1 年。

　　随机选择若干健康种子进行形态学特征测定，测定的主要形态学指标包括种子大小（长、短径）、种子质量、种仁质量、种仁和种子质量比值、种皮厚度、种皮硬度、主要营养物质含量等。

　　种子大小和种皮厚度等指标用电子游标卡尺进行测量

（±0.01mm）。种子质量、种仁质量等指标用电子天平进行测量（±0.01g）。种皮硬度测量使用数显维氏硬度仪（HVS - 502），转换 HRC 模式，施加力为 19.8N，测定 5 种种皮的相对硬度。因实验研究内容不同，李、毛樱桃种子未被测定相应形态学指标。

二、种子营养成分测定

实验中选取若干种子，剥去种皮、取出种仁后，由黑龙江省牡丹江市宁安市质量技术监督局测定。按照《食品安全国家标准 食品中蛋白质的测定》（GB 5009.5—2016）、《食品安全国家标准 食品中脂肪的测定》（GB 5009.6—2016）、《食品安全国家标准 食品中淀粉的测定》（GB 5009.9—2016）中食品相应成分的检测方法，分别测定 100g 种仁中蛋白质、脂类、碳水化合物的含量。

三、实验种子标记与追踪

对用于野外调查实验的健康种子进行标记。标记种子时，使用配备直径为 0.5mm 钻头的电钻在种子的一端打孔，将红色薄塑料片剪成 3cm×1cm 的矩形塑料牌，在短边中间部位扎一小孔，使用直径为 0.3mm、长度为 8cm 的软钢丝线把打孔的种子和塑料牌连接起来，在每个标签上标注种子类别、样点编号、种子编号。经试验，啮齿动物在土壤中、枯枝叶下、浅洞穴中埋藏种子后标签会暴露在地表，便于调查时寻找定位。啮齿动物无法咬断钢丝线，这种标记方法对啮齿动物搬运种子没有显著影响。

在野外调查中未标记胡桃楸种子，部分实验中使用了标记的山杏种子，啮齿动物对山杏种子的选择性低，因此，获得山杏种子的数据较少，一些统计分析未计入这些数据。

四、种子命运的定义

野外实验释放种子的命运定义如下：

原地完好（Intact in situ，IS）：位于投放点的种子未被取食和搬运。

原地取食（Predation in situ，PS）：种子在投放点被取食。

搬运后取食（Predation after Removal，PR）：种子被搬运出投放点后被取食。

搬运后完好（Intact after Removal，IR）：种子被搬运后弃置在地表。

搬运后埋藏（Hoarded after Removal，HR）：种子被搬运后埋藏在土壤中或腐殖质层中。

搬运后丢失（Missing after Removal，MR）：搬运后无法找到种子。

消耗（Consumption）：除原地完好的种子，其他种子命运定义为被啮齿动物消耗。

取食（Predation）：原地取食和搬运后取食定义为取食。

扩散（Dispersal）：搬运后完好、搬运后埋藏、搬运后丢失定义为扩散，但丢失的种子部分调查指标无数据记录，因此检验、比较时无法计算和统计。

五、数据统计

应用 Excel 工作表和 SPSS 22.0 软件进行数据统计处理与检验分析。数据分析前，用 Kolmogorov - Smirnov 检验和方差齐性检验来检验数据正态性和方差齐性。符合正态性和方差齐性的数据用参数方法检验，不符合的用非参数方法检验。根据不同研究内容的需要，分别利用 t 检验（t test）、Pearson 相关性分析、多样本检验（Kruskal‐Wallis H 检验）、独立样本检验（Mann‐Whitney U 检验）进行数据检验。所有数据统计值用平均值±标准差表示，显著性水平为 $\alpha = 0.05$，极显著水平为 $\alpha = 0.01$。

第二节　实验种子的基础特征

一、种子的形态特征

研究中测定了红松、毛榛、蒙古栎、山杏、胡桃楸 5 种林木种子的形态学指标，结果显示，不同种子的形态特征具有较大差异（表 4‐1）。

表 4‐1　种子基础特征统计

种类	种子大小/mm	种子质量/g	种仁质量/g	种仁质量和种子质量比值	种皮厚度/mm	种皮硬度
红松	(15.89±1.45) × (9.25±1.78) (N=380)	0.61±0.13 (N=450)	0.21±0.05 (N=170)	0.36±0.09 (N=170)	1.30±0.59 (N=100)	106.02±2.29 (N=30)
毛榛	(13.78±1.61) × (12.71±1.51) (N=380)	1.05±0.26 (N=450)	0.35±0.10 (N=170)	0.35±0.16 (N=170)	2.01±0.50 (N=100)	112.46±4.29 (N=30)
蒙古栎	(20.67±2.31) × (15.56±1.78) (N=380)	2.04±0.78 (N=450)	1.82±0.75 (N=170)	0.84±0.32 (N=170)	0.41±0.14 (N=100)	15.09±1.69 (N=30)
山杏	(20.36±1.94) × (13.86±2.48) (N=220)	1.18±0.36 (N=290)	0.46±0.45 (N=70)	0.32±0.11 (N=70)	1.62±0.31 (N=50)	65.44±2.43 (N=30)

（续）

种类	种子大小/mm	种子质量/g	种仁质量/g	种仁质量和种子质量比值	种皮厚度/mm	种皮硬度
胡桃楸	(46.06±5.02)×(27.68±2.97) (N=80)	10.66±2.11 (N=100)	1.70±0.35 (N=20)	0.14±0.02 (N=20)	4.61±0.65 (N=50)	124.95±3.24 (N=30)
Kruskal-Wallis H 检验	($\chi^2=1\,077.373$, $P<0.001$)×($\chi^2=1\,000.999$, $P<0.001$)	$\chi^2=1\,258.718$, $P<0.001$	$\chi^2=460.753$, $P<0.001$	$\chi^2=340.933$, $P<0.001$	$\chi^2=223.952$, $P<0.001$	$\chi^2=107.736$, $P<0.001$

在种子大小、种子质量方面结果均表现为：胡桃楸＞蒙古栎＞山杏＞毛榛＞红松（长径：$\chi^2=1\,077.373$，$P<0.001$，短径：$\chi^2=1\,000.999$，$P<0.001$；质量：$\chi^2=1\,258.718$，$P<0.001$）；在种仁质量方面结果表现为：蒙古栎＞胡桃楸＞山杏＞毛榛＞红松（$\chi^2=460.753$，$P<0.001$）；在种仁质量和种子质量的比值方面，结果为：蒙古栎＞红松＞毛榛＞山杏＞胡桃楸（$\chi^2=340.933$，$P<0.001$）。

种皮测量指标数据显示，种皮厚度排序为：胡桃楸＞毛榛＞山杏＞红松＞蒙古栎（$\chi^2=223.952$，$P<0.001$）；种皮硬度排序为：胡桃楸＞毛榛＞红松＞山杏＞蒙古栎（$\chi^2=107.736$，$P<0.001$）。

种子质量的 Pearson 相关性分析显示（表 4-2），红松和山杏的种子质量仅与种子长径呈正相关（$P<0.001$），与短径相关性不显著（$P>0.05$）；毛榛和胡桃楸种子质量均与长径、短径呈正相关（$P<0.001$）；蒙古栎的种子质量仅与种子短径呈正相关（$P<0.001$），与长径相关性不显著（$P>0.05$）。

表 4-2　植物种子质量、种仁质量、种仁质量比值的 Pearson 相关性分析

种子特征		种子长径	种子短径	种子质量	种仁质量
红松	种子质量	$R=0.435^{**}$ $P=0.000$	$R=0.057$ $P=0.268$		
	种仁质量	$R=-0.071$ $P=0.479$	$R=0.001$ $P=0.995$	$R=0.483^{**}$ $P=0.000$	
	种仁质量比值	$R=-0.040$ $P=0.693$	$R=-0.051$ $P=0.609$	$R=-0.516^{**}$ $P=0.000$	$R=0.435^{**}$ $P=0.000$
毛榛	种子质量	$R=0.309^{**}$ $P=0.000$	$R=0.379^{**}$ $P=0.000$		
	种仁质量	$R=0.125$ $P=0.240$	$R=0.122$ $P=0.250$	$R=0.163^{*}$ $P=0.039$	
	种仁质量比值	$R=-0.082$ $P=0.444$	$R=-0.007$ $P=0.951$	$R=-0.598^{**}$ $P=0.000$	$R=0.565^{**}$ $P=0.000$
蒙古栎	种子质量	$R=0.101^{*}$ $P=0.048$	$R=0.522^{**}$ $P=0.000$		
	种仁质量	$R=0.048$ $P=0.633$	$R=0.061$ $P=0.539$	$R=0.661^{**}$ $P=0.000$	
	种仁质量比值	$R=-0.062$ $P=0.533$	$R=-0.015$ $P=0.880$	$R=-0.296^{**}$ $P=0.000$	$R=0.464^{**}$ $P=0.000$
山杏	种子质量	$R=0.364^{**}$ $P=0.000$	$R=-0.069$ $P=0.200$		
	种仁质量	$R=0.003$ $P=0.983$	$R=-0.232$ $P=0.062$	$R=0.685^{**}$ $P=0.000$	
	种仁质量比值	$R=-0.171$ $P=0.172$	$R=-0.146$ $P=0.247$	$R=-0.168$ $P=0.153$	$R=0.790^{**}$ $P=0.000$
胡桃楸	种子质量	$R=0.598^{**}$ $P=0.000$	$R=0.425^{**}$ $P=0.000$		
	种仁质量	$R=0.475^{*}$ $P=0.046$	$R=0.115$ $P=0.650$	$R=0.820^{**}$ $P=0.000$	
	种仁质量比值	$R=0.203$ $P=0.419$	$R=-0.079$ $P=0.755$	$R=-0.375$ $P=0.125$	$R=0.831^{**}$ $P=0.000$

注：** 表示在 0.01 水平（双侧）上显著相关。* 表示在 0.05 水平（双侧）上显著相关。

表 4-2 中，5 种种子的质量与种子大小呈不同程度的正相
关，但种仁质量的 Pearson 相关性分析显示，5 种种子的种仁质
量与种子大小相关性不显著（$P>0.05$）；红松、毛榛、蒙古栎、
山杏、胡桃楸的种仁质量与种子质量均呈正相关（$P<0.05$）。

种仁质量比值的 Pearson 相关性分析显示，5 种种仁质量比
值与种仁质量呈显著正相关（$P<0.001$）；不同种子的种仁质量
比值与种子质量的相关性不同，红松、毛榛、蒙古栎 3 种的种仁
质量比值与种子质量呈显著负相关（$P<0.001$），山杏和胡桃楸
的种仁质量比值与种子质量的相关性不显著（$P>0.05$）。

种皮特征 Pearson 相关性分析显示，红松种皮厚度与种子长
径（$R=-0.285^{**}$，$P<0.01$）和短径（$R=-0.213^{*}$，$P<0.05$）
具有负相关性；毛榛种皮厚度与种仁质量具有相关性。种皮厚度、
硬度与其他特征均无显著相关性（$P>0.05$）。各种种子的种皮厚
度和种皮硬度之间无显著相关性（$P>0.05$），但从不同的种子来
看，种皮厚度和硬度具有相关性（$R=0.717^{**}$，$P<0.001$）。

二、种子的营养成分

从 100g 种仁中营养成分测定结果比较显示，蛋白质含量为：
胡桃楸＞山杏＞毛榛＞红松＞蒙古栎；脂类含量为：红松＞胡桃
楸＞毛榛＞蒙古栎＞山杏；碳水化合物等含量为：蒙古栎＞山
杏＞毛榛＞红松＞胡桃楸（表 4-3）。

表 4-3 5 种种子的主要营养成分

种类	蛋白质/（g/100g）	脂类/（g/100g）	碳水化合物等/（g/100g）
红松	17.33	63.81	18.86
毛榛	20.18	53.89	25.93
蒙古栎	6.79	40.14	53.07

（续）

种类	蛋白质/（g/100g）	脂类/（g/100g）	碳水化合物等/（g/100g）
山杏	21.19	38.60	40.21
胡桃楸	25.54	56.44	18.02

第三节　啮齿动物消耗种子的特征

一、取食种子、扩散种子与基础平均值比较

调查研究结果显示，啮齿动物对红松、毛榛、蒙古栎种子的消耗量相对较大，而对山杏和胡桃楸的选择很少。对啮齿动物取食（原地取食、搬运后取食）和扩散（搬运后完好、搬运后埋藏）的红松、毛榛、蒙古栎3种种子特征与投放种子的基础平均值进行比较，结果如表4-4所示。

表4-4　不同命运种子的特征统计

种类	种子大小/mm			种子质量/g		
	红松	毛榛	蒙古栎	红松	毛榛	蒙古栎
基础平均值	(15.89±1.45)×(9.25±1.78)	(13.78±1.61)×(12.71±1.51)	(20.67±2.31)×(15.56±1.78)	0.61±0.13	1.05±0.26	2.04±0.78
原地取食	(16.22±1.41)×(10.51±1.24)	(13.50±1.79)×(12.85±1.41)	(21.80±2.07)×(15.30±1.87)	0.60±0.15	1.04±0.27	1.76±0.58
搬运后取食	(16.02±1.23)×(10.60±1.29)	(13.42±1.14)×(12.57±1.13)	(20.61±2.14)×(15.67±1.65)	0.58±0.14	0.98±0.19	2.00±0.73
扩散	(16.24±1.48)×(9.32±1.99)	(13.15±1.22)×(12.38±1.31)	(20.62±2.38)×(17.11±1.78)	0.66±0.14	1.02±0.20	2.46±0.67

红松：原地取食种子的长径、短径大于基础平均值（长径：

$t=2.712$，$P<0.05$；短径：$t=10.205$，$P<0.001$），种子的质量与基础平均值之间几乎无差异（$t=-1.544$，$P>0.05$）；搬运后取食种子的短径大于基础平均值（$t=7.915$，$P<0.001$），种子的长径、质量与基础平均值之间几乎无差异（t 检验，$P>0.05$）；扩散的红松种子质量大于基础平均值（$t=2.904$，$P<0.01$），种子的长、短径与基础平均值之间几乎无差异（t 检验，$P>0.05$）。

毛榛：原地取食、搬运后取食种子的长径小于基础平均值（$t=-2.081$，$P<0.05$），种子的质量、短径与基础平均值之间均几乎无差异（t 检验，$P>0.05$）；扩散的毛榛种子长、短径均小于基础平均值（长径：$t=-5.069$，$P<0.001$，短径：$t=10.205$，$P<0.01$），种子的质量与基础平均值之间几乎无差异（$t=-1.653$，$P>0.05$）。

蒙古栎：原地取食种子的质量小于基础平均值（$t=-4.774$，$P<0.001$），种子长径大于基础平均值（$t=5.571$，$P<0.001$），种子短径与基础平均值相比几乎无差异（t 检验，$P>0.05$）；搬运后取食的种子的长径、短径、质量与基础平均值几乎无差异（t 检验，$P>0.05$）；扩散的种子质量与短径均大于基础平均值（质量：$t=3.105$，$P<0.01$；短径：$t=4.960$，$P<0.01$）。

二、取食与扩散种子的比较

红松：原地取食和搬运后取食的种子长、短径和质量均几乎无差异（t 检验，$P>0.05$）；扩散种子的短径小于取食种子（原地取食：$t=4.631$，$P<0.001$；搬运后取食 $t=4.526$，$P<0.001$），扩散种子的质量大于取食种子的质量（原地取食：$t=-3.328$，$P<0.001$；搬运后取食：$t=-3.537$，$P<0.01$）（表4-4）。种子扩散距离显著大于搬运后取食的距离（$Z=-4.005$，$P<0.001$）（表4-5）。

表 4-5　啮齿动物搬运后取食和扩散种子的搬运距离、埋藏深度比较

命运	搬运距离/m			埋藏深度/cm		
	红松	毛榛	蒙古栎	红松	毛榛	蒙古栎
搬运后取食	3.50± 3.16	4.14± 3.52	3.21± 3.33	0	0	0
扩散	6.12± 4.87	4.19± 3.10	4.12± 4.11	1.08± 0.56	1.29± 0.73	0.67± 0.76
Kruskal - Wallis H 检验	$Z=-4.005$ $P<0.001$	$Z=-0.455$ $P=0.649$	$Z=-1.490$ $P=0.136$	—	—	—

毛榛：原地取食和搬运后取食的种子长、短径和质量均几乎无差异（t 检验，$P>0.05$）；扩散种子与取食种子的长、短径和质量都几乎无差异（t 检验，$P>0.05$）。种子扩散距离与搬运后取食距离无差异（$Z=-0.455$，$P>0.05$）。

蒙古栎：原地取食种子的短径和质量均小于搬运后取食的种子（t 检验，短径：$t=-1.549$，$P<0.01$；质量：$t=4.244$，$P<0.001$），长径几乎无差异（$t=-2.661$，$P>0.05$）；扩散种子的短径和质量均大于搬运后取食种子（短径：$t=-4.179$，$P<0.001$；质量：$t=-3.261$，$P<0.001$）；扩散种子长径小于原地取食种子（$t=2.996$，$P<0.05$），但与搬运后取食种子无差异（$t=-0.016$，$P>0.05$）。种子扩散距离与搬运后取食距离无差异（$Z=-1.490$，$P>0.05$）。

三、扩散种子之间的比较

搬运后埋藏与搬运后未埋藏的红松、毛榛、蒙古栎 3 种种子相比，长、短径和质量均未表现出明显差异（t 检验，$P>0.05$）。Pearson 相关性分析显示，仅毛榛种子的扩散距离与质量呈负相关（$R=-0.187$，$P<0.05$），其他种子的扩散距离、

埋藏深度与种子长、短径和种子质量均无明显相关性。

第四节　啮齿动物选择种子的相关因素分析

一、贮食动物与植物的关系

植物种子是许多动物的主要食物资源，为适应自然环境条件下食物资源在时空分布的不均衡性，许多动物都具有强烈的贮食行为，将部分种子和果实贮藏起来以度过食物短缺的时期，有利于动物的自身生存和物种繁衍。贮食行为是进化过程中产生的一种重要的生存适应性行为，是一种特化的取食行为。

红松、毛榛、蒙古栎、山杏、胡桃楸是研究区域中常见的物种，都产具有种皮的大颗种子，这些种子的形态特征与营养成分差异很明显。不同种子的形态特征的显著差异是在长期的进化过程中形成的适应特征，是对贮食动物和植物的种子或果实之间互惠、协同进化关系的适应。进化中，动物通过强化自身的某些特征不断提升取食能力和强化贮食行为，以便有效地提高食物利用率和食物保障。动物的取食和贮食行为使植物种子产生了不同的命运：原地取食、搬运后取食、搬运后完好、搬运后埋藏等，种子被搬运多远、埋藏在何处、集中贮藏还是分散贮藏等各有不同。同时，种子性状被认为是影响动物食物选择的重要因素，而这些性状反过来又决定了种子的命运。植物会通过改变种子性状吸引动物取食并促进动物增加贮食量，从而帮助植物完成扩散、更新。找出贮食啮齿动物和植物种子的特征，是理解动、植物互惠进化关系的关键。

二、影响贮食行为的种子特征

研究认为，种子的形态（如大小和质量，种皮的厚度和硬度，种子淀粉、脂类和蛋白质等营养物质含量等）是啮齿动物评估种子的主要因素，都会影响啮齿动物对食物选择的决策，从而影响啮齿动物的取食和贮食行为模式、幼苗的生长、植被的更新。

1. 种子大小和营养价值

种子大小和营养价值通常被认为是影响啮齿动物取食行为的最重要因素，对啮齿动物取食或搬运种子的行为具有显著影响。根据最优觅食理论，在其他条件相同的情况下，更大的种子含有更多的能量和养分，对贮食动物更具有吸引力，动物取食这样的食物能够更好地补偿取食和贮存过程中的能量消耗。啮齿动物在遇到具有相同种皮特征的种子时，可能优先以种子大小作为取食决策的依据。种子大小与啮齿动物取食行为之间的关系已被广泛报道，啮齿动物对较大且具有较高营养价值的种子有一定的取食和贮藏偏好。大种子明显具有较远的扩散距离、较长的埋藏存活时间、较高的幼苗萌发率。本研究结果显示，扩散后的红松和蒙古栎种子的质量显著大于正常值。

2. 种子的营养物质

种子的营养物质是影响啮齿动物取食和贮食的关键因素。脂类和淀粉含量较高的种子能够使啮齿动物获得更大的能量收益。为了在贮藏种子后获得相同绝对营养量的条件下搜寻更少的贮食点，啮齿动物通常原地取食营养质量较低的小种子，搬运后取食或贮藏营养质量较高的大种子，甚至选择搬运较大的没有任何应用价值的假种子。从能量供应的角度看，啮齿动物偏好选择脂类和淀粉含量较高的种子，从而获得更多的能量；蛋白质含量高的种子也会增加啮齿动物对种子的选择和消耗。啮齿动物喜食的红松、蒙古栎、毛榛种子脂类和淀粉含量都较高，其中红松脂类含量最高超过60%，蒙古栎中淀粉等碳水化合物、毛榛中的脂类物质含量最高达到50%。

3. 种仁质量比值

有研究认为种仁质量比值相对于种子大小，在决定种子扩散和种子命运中起到更重要的作用。单粒种子的收益是影响种子命运和扩散距离的关键因素。本研究表明，种仁质量与种子质量呈显著相关，种仁质量比值将决定单粒种子的收益，种仁质量比值越大单粒收益会越大。种仁质量比值与种子质量、种子大小的相关系数多为负数，说明取食较大种子的单粒收益可能并不高于较小的种子。红松种子质量最小，但种仁质量比值较高；蒙古栎种子大小和质量仅次于胡桃楸，种仁质量比值最高达到 0.84 左右，种皮厚度和硬度最小，这两种种子都是啮齿动物偏好取食的。

4. 种皮特征

逻辑上，啮齿动物不是优先食用种皮较厚的种子，因为种皮较厚的种子需要较多的处理时间，从而导致啮齿动物较长时间地暴露在被捕食的风险下，处理食物的时间越长，被捕食风险就越高。啮齿动物偏好取食蒙古栎种子，可能也与其种皮较薄、容易处理有关；与红松和蒙古栎种子相比，毛榛种子的种皮厚度、硬度更大，导致啮齿动物处理毛榛种子种皮的时间最长；而胡桃楸的种皮厚度和硬度会影响小型啮齿动物的选择。但是较薄的种皮不利于种子长期贮藏，保存期间容易发霉。

三、多种因素综合作用

啮齿动物对种子的选择是基于多种种子特征综合评估的结果，不能仅考虑单一因素的显著作用。对于相同的种子，种子大小差异可能是影响啮齿动物选择的主要因素，但是对于不同种子同时供选择时，种子的大体积并不是啮齿动物选择食物的首要标准，种子的综合特征发挥更大的作用。要研究果实或种子大小对啮齿动物取食决策的影响，同时需要考虑啮齿动物的个体大小，因为这会影响可搬运的最大果实或种子大小。

动物对食物的选择也受自身大小和能力的影响，动物根据自身的大小，对优先选取的种子大小会设置一个上限阈值。例如，胡桃楸种子远远大于其他种子，但是无论在取食量还是选择次序上，胡桃楸都没有排在首位（见第五章），可能在于其大小超出了小型啮齿动物选择种子的阈值，其较厚、较硬的种皮也给小型啮齿动物取食造成了很大的困难，超出了小型啮齿动物的处理能力，增加了小型啮齿动物的食物处理时间和被捕食风险，导致小型啮齿动物无法从中获得更高的收益；另外，可利用资源丰富度也会影响啮齿动物对胡桃楸的选择。山杏种子略大于毛榛的种子，种仁质量比值与毛榛接近，种皮厚度与红松种子接近，硬度不高，营养物质中脂类和淀粉含量均接近40%，但啮齿动物对山杏的选择也较少，可能是杏仁中的苦杏仁苷等次生物质造成了影响。

种子的突出特征对啮齿动物的吸引力能否促进种子扩散，在很大程度上还要取决于调节啮齿动物取食决定的外部因素，因为啮齿动物对种子特征的偏好选择会伴随生存压力的变化而发生改变。例如，在开阔的生境或明亮的月光下，啮齿动物倾向于尽量减少种子处理，从而降低对种子鉴别和选择的能力，此时种子性状对其食物选择偏好的影响较小。而当种内或者种间竞争激烈时，啮齿动物会投入更多的精力来保护最有价值的食物不被偷窃，使种子性状对食物选择和贮藏产生更强的影响。因此，探究环境条件对贮食动物取食决定的影响，对于了解森林植被扩散与更新、动、植物关系非常重要。

第五章
同域分布啮齿动物的食物选择策略

选取中国北方地区温带森林中同域分布的 4 种啮齿动物和 7 种树木种子，通过在半自然围栏条件下，研究北方地区温带森林中同域分布啮齿动物对多种树木种子的选择差异，以及种子特征对啮齿动物食物选择对策分化的影响，以深入了解同域分布啮齿动物的种子选择分化及其对特定植物种子命运和更新的影响。

许多树木产生的大型种子是啮齿动物非常有价值的食物来源，啮齿动物对其生境内多种树木种子具有一定的选择性，可以准确区分不同特征的种子，并通过对种子的鉴别和选择，影响不同种子的命运，同时在觅食时会权衡投入成本（时间和能量）而采取不同的取食和扩散对策，以确保获得最优的食物和能量供应。

动物食物选择的研究对动物与植物系统协同进化理论、同域分布动物之间生态位分化的研究具有重要作用。作为森林生态系统中林木种子的主要取食者和传播者，啮齿动物和植物构成了一个包含取食和互惠作用的系统。啮齿动物对某一种种子表现出的偏好程度、不同种子间的差异选择，可能会引起对于不同树种的取食压力和扩散速率的变化，从而对森林群落种子扩散和自然更新过程产生重要影响，既能因为大量取食种子而影响植物的天然更新，又会通过贮食行为参与植物种子扩散和实生幼苗的建成。啮齿动物取食引起的种子死亡率影响植物的适合度、种群结构和群落的物种组成。对于同域分布的啮齿动物而言，资源的竞争是群落生态学研究的热点，许多研究表明，竞争是导致啮齿动物对资源利用不同的主要因素之一，使不同物种之间的形态和行为对策产生差异。

第一节　同域分布啮齿动物食性选择的研究方法

一、样地选择

在张广才岭三道林场林区进行研究，代表性植被为次生阔叶林和针阔混交林。在研究区域中活捕 4 种同域分布的啮齿动物，包括：大林姬鼠、黑线姬鼠、大仓鼠、棕背䶄，并采集 7 种不同的种子进行实验，包括：红松、毛榛、蒙古栎、胡桃楸、山杏、李、毛樱桃。

二、笼捕法捕捉活体动物

采用笼捕法捕捉啮齿动物活体样本。捕鼠笼（30cm×25cm×20cm）内放置炒熟的白瓜子和胡萝卜作为诱饵；放置棉花供啮齿动物做巢保暖。在样地内按 2～3 条样线布笼，样线间距约 20m，按 20m×5m 规格布笼。次日检查啮齿动物捕获情况，捕获的怀孕雌性和幼体立即释放。将捕捉的成年啮齿动物转移至放置在自然环境中的饲养箱（65cm×35cm×25cm）内，饲养箱用铁丝网盖住，箱内放入饮水瓶和适量垫料。

三、种子选择顺序实验

用 1d 使啮齿动物熟悉陌生环境并熟悉种子。随机选取 7 种树木的饱满种子若干，每种种子每次取 1 颗，置于单只饲养笼中的一食皿内，安置摄像头观测动物取食种子的顺序。种子全部被取食或者啮齿动物长时间不再选择和取食种子时，间隔 3h 以上更换一批种子重新实验。给每只啮齿动物重复投放种子 3 次后清理饲养箱，再换 1 只啮齿动物实验。共选用大林姬鼠（$N=16$）、黑线姬鼠（$N=10$）、大仓鼠（$N=10$）、棕背䶄（$N=9$）4 种同域分布的啮齿动物和 7 种不同种子各 135 颗进行实验。

四、种子选择实验

在研究区内选择地势相对平坦的地段建造 4 个半天然围栏（1m×1m×1m）。在围栏一角置 1 个巢，巢内放置一些棉花供啮齿动物取暖。巢旁放置一个水槽，供啮齿动物饮水，并按时补充水槽中的水分。在围栏中心部位放置 1 个食盘（种子释放点），为实验动物提供食物。

依据啮齿动物体型大小与预实验取食量的情况，为排除食量与啮齿动物大小的影响，在大林姬鼠、黑线姬鼠、棕背䶄实验中，投放的胡桃楸种子为 1 颗，其余 6 种子投放数量均为 2 颗，给大仓鼠投放的种子均为 3 颗，这样既保证食物充足，避免量少而全部被取食，又保证不会因为种子数量过多而只取食某一种喜食种子，而不取食其他种子。排除实验中死亡个体数据，共选用大林姬鼠 26 只、黑线姬鼠 17 只、大仓鼠 10 只、棕背䶄 14 只；共投放红松、毛榛、蒙古栎、山杏、李、毛樱桃种子各 432 枚，胡桃楸种子 261 枚。

五、选择指数

用 Ivlev's Electivity Index 表示种子的选择指数，公式为：
$$E_i = (R_i - P_i) / (R_i + P_i)$$

式中，种子利用率 $R_i = i$ 种子取食数量÷取食的全部种子数量之和，种子可利用率 $P_i = i$ 种子总投放量÷投放的全部种子数量之和。选择指数 E_i 的范围是 $-1 \sim 1$，若 $E_i > 0$，表示动物对第 i 种种子有正选择；若 $E_i < 0$，表示动物对第 i 种种子为负选择；若 $E_i = 0$，表示无选择性；若 $E_i = -1$，表示动物对第 i 种种子为不选择。具体按照选择性指数的大小，划定动物对不同种子的偏好程度：嗜食（$E_i \geqslant 0.5$），喜食（$E_i > 0$），少食（$E_i > -0.5$），厌食（$E_i \geqslant -1$）。

六、数据统计

利用 Excel 和 SPSS 22.0 软件进行数据统计处理与检验分析。数据处理前，经 Kolmogorov - Smirnov 检验和方差齐性检验，数据不符合正态性和方差齐性，采用非参数方法检验。采用 Kruskal - Wallis H 检验比较某种啮齿动物对不同种子的取食差异，用 Mann - Whitney U 检验两两比较取食种子的差异。描述性统计值用平均值±标准差表示，显著性水平设置为 $\alpha = 0.05$，极显著水平设置为 $\alpha = 0.01$。

第二节　同域分布啮齿动物对种子的选择

一、种子的取食与利用

4 种啮齿动物的取食量存在显著差异（表 5 - 1）。大仓鼠每次取食种子的数量为（16.57±2.47）颗（$N = 30$），显著多于大林姬鼠（5.65±2.43）颗（$N = 78$）、棕背䶄（4.88±2.05）颗（$N = 42$）、黑线姬鼠（4.65±2.44）颗（$N = 51$），大林姬鼠取食量显著高于黑线姬鼠。4 种啮齿动物对于每种种子的单次取食量也具有差异。

表 5 - 1　4 种啮齿动物对 7 种种子的取食利用统计

啮齿动物种类	衡量指数	红松	毛榛	蒙古栎	胡桃楸	山杏	李	毛樱桃	Kruskal - Wallis H 检验
大林姬鼠 (N=26)	SN	2	2	2	1	2	2	2	
	CN	1.28± 0.91	1.36± 0.82	1.72± 0.64	0.23± 0.42	0.78± 0.82	0.28± 0.58	0±0	$\chi^2=247.897$, $df=6$, $P<0.001$
	TS	156	156	156	78	156	156	156	
	TC	100	106	134	18	61	22	0	
	r_i/%	64.10	67.95	85.90	23.08	39.10	14.10	0	$\chi^2=219.514$, $df=6$, $P<0.001$
	R_i/%	22.68	24.04	30.39	4.08	13.83	4.99	0	$\chi^2=247.897$, $df=6$, $P<0.001$
	E_i	0.192	0.219	0.328	-0.307	-0.053	-0.510	-1.000	$\chi^2=219.514$, $df=6$, $P<0.001$
黑线姬鼠 (N=17)	SN	2	2	2	1	2	2	2	
	CN	1.10± 0.92	1.24± 0.86	1.16± 0.70	0±0	0.08± 0.34	0.29± 0.61	0.78± 0.88	$\chi^2=129.378$, $df=6$, $P<0.001$
	TS	102	102	102	51	102	102	102	

张广才岭森林啮齿动物分散贮食行为与策略

（续）

啮齿动物种类	衡量指数	红松	毛榛	蒙古栎	胡桃楸	山杏	李	毛樱桃	Kruskal-Wallis H检验
黑线姬鼠 (N=17)	TC	56	63	59	0	4	15	40	$\chi^2=129.378$, $df=6$, $P<0.001$
	$r_i/\%$	54.90	61.76	57.84	0	3.92	14.71	39.21	$\chi^2=129.636$, $df=6$, $P<0.001$
	$R_i/\%$	23.63	26.58	24.89	0	1.69	6.33	16.88	
	E_i	0.211	0.267	0.236	-1.000	-0.802	-0.417	0.046	$\chi^2=126.897$, $df=6$, $P<0.001$
大仓鼠 (N=10)	SN	3	3	3	3	3	3	3	
	CN	3.00±0.00	3.00±0.0	3.00±0.0	0.03±0.18	2.33±1.09	2.67±0.88	2.53±1.04	$\chi^2=136.548$, $df=6$, $P<0.001$
	TS	90	90	90	90	90	90	90	
	TC	90	90	90	1	70	80	76	
	$r_i/\%$	100	100	100	1.11	77.78	88.89	84.44	
	$R_i/\%$	18.11	18.11	18.11	0.2	14.08	16.10	15.29	$\chi^2=136.548$, $df=6$, $P<0.001$

（续）

啮齿动物种类	衡量指数	红松	毛榛	蒙古栎	胡桃楸	山杏	李	毛樱桃	Kruskal-Wallis H检验
大仓鼠 (N=10)	E_i	0.118	0.118	0.118	-0.972	-0.007	0.060	0.034	$\chi^2=136.548$, $df=6$, $P<0.001$
棕背䶄 (N=14)	SN	2	2	2	1	2	2	2	
	CN	1.48±0.55	1.07±0.89	1.19±0.74	0.00±0.00	0.07±0.26	0.31±0.60	0.76±0.88	$\chi^2=132.491$, $df=6$, $P<0.001$
	TS	84	84	84	42	84	84	84	
	TC	62	45	50	0	4	15	34	
	$r_i/\%$	73.81	53.57	59.52	0	3.57	15.48	38.10	$\chi^2=132.491$, $df=6$, $P<0.001$
	$R_i/\%$	30.24	21.95	24.39	0	1.46	6.34	15.61	$\chi^2=132.491$, $df=6$, $P<0.001$
	E_i	0.326	0.176	0.226	-1.000	-0.826	-0.416	0.007	$\chi^2=132.491$, $df=6$, $P<0.001$
Kruskal-Wallis H检验	R_i $df=3$	$\chi^2=85.670$ $P<0.001$	$\chi^2=40.321$ $P<0.001$	$\chi^2=57.718$ $P<0.001$	$\chi^2=28.199$ $P<0.001$	$\chi^2=84.937$ $P<0.001$	$\chi^2=74.190$ $P<0.001$	$\chi^2=74.744$ $P<0.001$	

啮齿动物种类 衡量指数	Kruskal-Wallis H 检验	红松	毛榛	蒙古栎	胡桃楸	山杏	李	毛樱桃	Kruskal-Wallis H 检验
E_i	$df=3$	$\chi^2=24.924$ $P<0.001$	$\chi^2=15.581$ $P=0.001$	$\chi^2=34.367$ $P<0.001$	$\chi^2=28.199$ $P<0.001$	$\chi^2=65.362$ $P<0.001$	$\chi^2=43.913$ $P<0.001$	$\chi^2=67.271$ $P<0.001$	

注：SN (Supply Number) 表示每次投放种子的数量；CN (Consume Number) 表示每次取食种子的数量；TS (Total Supply Number) 表示投放种子的总数量，$TS=\sum SN$；TC (Total Consume Number) 表示取食种子的总数量，$TC=\sum CN$；r_i 表示第 i 种种子取食率，$r_i = (TC_i/TS_i) \times100\%$；$R_i$ 表示第 i 种种子利用率，$R_i = (TC_i/\sum TC) \times100\%$；$P_i$ 表示第 i 种种子可利用率，$P_i = (TS_i/\sum TS) \times100\%$；$E_i$ (The Ivlev's Electivity Index) 表示种子的选择指数，$E_i = (R_i -P_i) / (R_i + P_i)$。

4 种啮齿动物对不同种子的取食率 r_i 不同，但对红松、毛榛、蒙古栎 3 种种子的取食率都较高。其中大林姬鼠取食了 85.90% 的蒙古栎、67.95% 的毛榛、64.10% 的红松；黑线姬鼠取食了 61.76% 的毛榛、57.84% 的蒙古栎、54.90% 的红松；大仓鼠取食了 100% 的红松、毛榛、蒙古栎，并且除胡桃楸外，大仓鼠对其他种子的取食率也很高（李：88.89%，毛樱桃：84.44%，山杏：77.78%）；棕背䶄取食了 73.81% 的红松、59.52% 的蒙古栎、53.57% 的毛榛。

从种子利用率 R_i 来看，根据表 5-1 和图 5-1，红松、毛榛、蒙古栎的种子种用率较高（大林姬鼠：77.11%，黑线姬鼠：75.10%，大仓鼠：54.33%，棕背䶄：76.58%），大仓鼠的食物中山杏、李、毛樱桃占比达 45.47%。

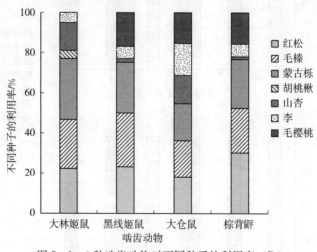

图 5-1　4 种啮齿动物对不同种子的利用率（R_i）

二、种子的选择顺序

被测试的啮齿动物在选择不同植物种子的优先顺序上表现出

差异。大林姬鼠的选择次序为：蒙古栎＞毛榛＞红松＞山杏＞
李＞胡桃楸＞毛樱桃；黑线姬鼠的选择次序为：红松＞蒙古栎
＞毛榛＞毛樱桃＞李＞山杏＞胡桃楸；大仓鼠的选择次序为：
蒙古栎＞毛榛＞红松＞李＞毛樱桃＞山杏＞胡桃楸；棕背䶄的
选择次序为：红松＞蒙古栎＞毛榛＞毛樱桃＞李＞山杏＞胡桃
楸（图 5 - 2）。

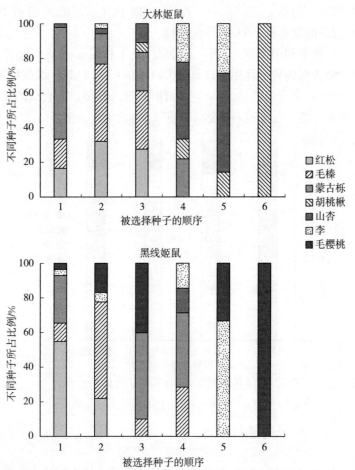

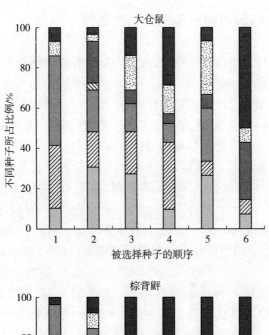

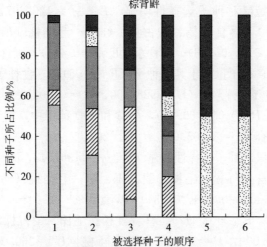

图 5-2 4 种啮齿动物选择 7 种种子的顺序

三、啮齿动物对不同种子的选择

根据种子的选择指数 E_i 显示，4 种啮齿动物对不同种子的选择具有差异（表 5-1）。

大林姬鼠对种子的选择性明显（E_i：$\chi^2 = 219.514$，$df = 6$，$P < 0.001$），喜食蒙古栎、毛榛、红松（E_i：0.328，0.219，0.192），少食山杏、胡桃楸（E_i：−0.053，−0.307），厌食李和毛樱桃（E_i：−0.510，−1.000）。喜食种子量显著多于其他种子（$P < 0.001$），喜食蒙古栎多于红松和毛榛（$U = 2\,300.000$，$P = 0.001$；$U = 2\,314.000$，$P = 0.001$），选择山杏多于胡桃楸和李（$U = 2\,010.500$，$P < 0.001$；$U = 2\,313.000$，$P = 0.003$），胡桃楸和李之间差异不明显（$U = 2\,895.000$，$P = 0.474$）。

黑线姬鼠对种子选择性明显（E_i：$\chi^2 = 126.897$，$df = 6$，$P < 0.001$），喜食毛榛、蒙古栎、红松、毛樱桃（E_i：0.267，0.236，0.211，0.046），少食李（E_i：−0.417），厌食山杏、胡桃楸。喜食种子量多于其他种子（$P < 0.05$），喜食种子中毛榛、蒙古栎多于毛樱桃（$U = 928.500$，$P = 0.008 < 0.05$；$U = 948.500$，$P = 0.013 < 0.05$），少食和厌食种子中，对李的选择性多于山杏（$U = 1\,105.00$，$P = 0.029$）。

大仓鼠对种子选择性明显（E_i：$\chi^2 = 136.548$，$df = 6$，$P < 0.001$），喜食红松、毛榛、蒙古栎、李、毛樱桃（E_i：0.118，0.118，0.118，0.060，0.034），少食山杏（E_i：−0.007），厌食胡桃楸（E_i：−0.972）。喜食红松、毛榛、蒙古栎均多于李（$U = 390.000$，$P = 0.040$）和毛樱桃（$U = 360.000$，$P = 0.011$），但红松、毛榛、蒙古栎间无选择性（所有 $P > 0.05$），李、毛樱桃与山杏间无选择性（李与毛樱桃：$U = 420.000$，$P = 0.494$；李与山杏：$U = 366.000$，$P = 0.930$；毛樱桃与山杏：

$U=396.000$，$P=0.304$），其他种子的选择性均高于胡桃楸（$P<0.001$）。

棕背䶄对种子选择性明显（E_i：$\chi^2=132.491$，$df=6$，$P<0.001$），喜食红松、蒙古栎、毛榛、毛樱桃（E_i：0.326，0.226，0.176，0.007），少食李（E_i：-0.416），厌食山杏、胡桃楸（E_i：-0.826，-1.000）。喜食种子中，红松多于毛榛（$U=673.500$，$P=0.043<0.05$），红松、蒙古栎显著多于毛樱桃（$U=477.000$，$P<0.001$；$U=632.000$，$P=0.018<0.05$），蒙古栎与红松、毛榛间无明显差异（$U=706.000$，$P=0.082$；$U=825.000$；$P=0.587$），毛榛与毛樱桃无明显差异（$U=717.000$，$P=0.112$）。

四、不同啮齿动物对同种种子的选择

4种啮齿动物对每种种子的选择性均存在差异（见表5-1）。

对于红松，棕背䶄的选择偏好最大，与黑线姬鼠相近（$U=956.500$，$P=0.365$），但高于大林姬鼠（$U=986.000$，$P<0.001$）和大仓鼠（$U=30.000$，$P<0.001$）。

对于毛榛，黑线姬鼠的选择偏好最大，与大林姬鼠相近（$U=2\,057.000$，$P=0.146$），但高于棕背䶄（$U=1\,056.000$，$P=0.012<0.05$）和大仓鼠（$U=660.000$，$P=0.042<0.05$）。

对于蒙古栎，大林姬鼠的选择偏好最大，与黑线姬鼠（$U=1\,112.000$，$P=0.152$）、棕背䶄（$U=1\,532.000$，$P=0.525$）接近，这3种啮齿动物的选择性均高于大仓鼠（大林姬鼠：$U=420.000$，$P<0.001$；黑线姬鼠：$U=480.000$，$P<0.001$；棕背䶄：$U=240.000$，$P<0.001$）。

对于胡桃楸，大林姬鼠的选择性明显高于其他3种啮齿动物（黑线姬鼠：$U=1\,530.000$，$P<0.001$；大仓鼠：$U=930.000$，$P=0.013$；棕背䶄：$U=879.000$，$P<0.001$）。

对于山杏，大仓鼠的选择性最高，明显高于其他啮齿动物（大林姬鼠：$U=872.000$，$P=0.034<0.05$；黑线姬鼠：$U=186.000$，$P<0.001$；棕背䶄：$U=168.000$，$P<0.001$），大林姬鼠的选择性也高于黑线姬鼠（$U=1\,060.000$，$P<0.001$）和棕背䶄（$U=879.000$，$P<0.001$）。

对于李，大仓鼠的选择性最高，显著高于其他 3 种啮齿动物（大林姬鼠：$U=259.000$，$P<0.001$；黑线姬鼠：$U=370.000$，$P<0.001$；棕背䶄：$U=332.000$，$P<0.001$），其他 3 种啮齿动物无种间差异（所有 E_i：$P>0.05$）。

对于毛樱桃，除大林姬鼠不选择外，黑线姬鼠、大仓鼠、棕背䶄之间无差异（所有 E_i：$P>0.05$）。

第三节　同域分布啮齿动物种子选择的影响因素

所有动物都要觅食，动物选择什么食物是影响其生存和繁殖的关键因素，自然界中动物普遍具有食物选择或选择性觅食现象，任何动物都不可能均等地利用环境中可能出现的所有食物种类，尤其在与其他竞争物种共存的情况下。通常动物只对可获得食物中的少部分种类表现出明显的偏好，而对大多数食物种类很少取食甚至完全拒食。通过有效的食物选择能够确保能量和营养物质的高效摄入，从而使食物选择的适合度最大化。

物种共存和生物多样性维持是生态学的重要内容，食物作为动物生存的必需资源，食性选择和取食行为的差异对物种共存的影响是显而易见的。动物选择吃什么直接影响其生存与种群繁衍，在森林生态系统中影响动物食物选择的因素十分复杂，啮齿动物对植物种子的选择取决于多种因素，不同植物种子在种子许多特征方面各不相同，如大小、营养物质、单宁等次生产物含量、种皮硬度和厚度等，这些种子特征会影响啮齿动物的取食选择，从而进一步影响啮齿动物的决策。

种子大小和质量、种皮特征（厚度、硬度）、种子的品质（虫蛀、霉变、空壳）、水分含量、营养物质（淀粉、脂肪、蛋白质）以及次生代谢产物（如单宁和其他多酚类）等种子特征都会影响啮齿动物对食物选择的决策。多数研究认为，种子大小和营养物质是决定啮齿动物觅食对策的关键因素，通常啮齿动物对较大且具有较高营养价值的种子有一定的偏好。Harper 等提出，大种子应该被择优取食，因为种子取食者会得到较高的回报[①]。根据最优觅食理论，动物应该喜食有最大净回报的种子，通常取食的总回报随种子大小的增加而增加，在相同的处理时间内，大种子营养成分较高，具有高收益，被取食的概率更大，这样的食物能够更好地补偿动物觅食过程中的能量消耗，对动物更具有吸引力。

通过取食量、种子的选择顺序、种子的选择指数等分析表明，4 种啮齿动物都偏好或优先取食红松、毛榛、蒙古栎种子。这 3 种种子是北方地区森林中常见大种子，由于种子营养物质含量高、大小适中、容易处理、资源量丰富等因素，在长期自然进化过程中，成为多数小型啮齿动物偏好喜食的食物。长期竞争会导致食物生态位分化，使同域分布的啮齿动物在取食偏好上具有一定差异，很大程度上表现出对某一种树木种子具有偏好。在 3 种喜食种子中，除大仓鼠对 3 种种子没有选择差异外，大林姬鼠更偏好蒙古栎，黑线姬鼠更偏好毛榛，棕背鼠更偏好红松。4 种啮齿动物对不同植物种子的选择偏好，是长期进化过程中形成的一种互惠关系。这些植物种子作为食物资源，为啮齿动物的生存和繁殖提供营养，并影响啮齿动物行为和种群动态。啮齿动物取食、搬运和贮藏植物的种子和果实，影响了植被的扩散与更新。

---

① Harper J L, Lovell P H, Moore K G. The Shapes and Sizes of Seeds [J]. Annual Review of Ecology, Evolution, and Systematics, 1970, 1：327-356.

啮齿动物自身的内在因素，例如个体大小、处理食物能力、食量等，对其食物选择也具有重要的影响。啮齿动物根据自身的大小，对优先选取的种子大小会设置一个上限阈值。同一种植物的种子对于不同的取食者来说，其净回报可能存在较大差别，因为取食者身体的大小、力量和口的类型不同，导致处理种子的能力不尽相同。4种啮齿动物中，大仓鼠个体最大，其次是大林姬鼠，黑线姬鼠与棕背䶄体型相当均小于另外2种啮齿动物。大仓鼠个体大，处理食物能力较强，取食了全部的红松、毛榛、蒙古栎种子和大部分山杏、李、毛樱桃种子，种子的选择指数显示大仓鼠喜食种子种类多，表明大仓鼠食性宽度和食量都大于其他3种啮齿动物。大仓鼠对种子的选择偏好不如其他种类明显，可能是提供喜食种子的资源量不足，无法满足其较大的食量需求，因此选择其他种子资源量有所增加。

食物处理时间也是影响啮齿动物行为决策的重要因素，种子的处理时间会显著影响啮齿动物的觅食对策，处理时间伴随着对觅食效率和被捕食风险的权衡，啮齿动物会尽量减少处理食物的时间，以减少被捕食风险。

按照最优觅食理论所说，自然选择使动物在取食过程中尽可能地增大净收益，最有效的取食才能确保其生存和繁殖成功。研究发现，许多小型啮齿动物不取食胡桃楸种子，仅大林姬鼠少量取食，对胡桃楸的取食率为23.08%，种子利用率为4.08%。这与啮齿动物的食物处理能力有关，虽然胡桃楸营养物质丰富、单粒种子收益较大，但种子较大、种皮硬度大，小型啮齿动物的搬运和啃咬能力无法从中获得更高的收益，这与我们野外研究的结果一致，小型啮齿动物很少选择胡桃楸。4种啮齿动物对山杏、李、毛樱桃这3种分布较少的植物种子的选择偏好差异较大，黑线姬鼠和棕背䶄对毛樱桃的取食量高于山杏、李，可能与其处理食物的能力有关；黑线姬鼠和棕背䶄个体最小，对于种皮较厚、较硬的山杏和李的处理投入较大，而毛樱桃种子虽然小，但更容易取食。然而研究中发现大林姬鼠不取食毛樱桃种子，可能是食物资源充足的条件下，毛樱桃的取食收益太小的原因。

根据竞争排斥原理，完全的竞争者不能共存，而竞争现象很难在自然界中直接进行观察，尤其是啮齿动物的种间和种内竞争更是如此。从研究的食物选择结果来看，同域分布的 4 种啮齿动物应该都互为取食竞争者，在相同食物资源上可能有着较高的生态位重叠。研究表明，食物资源不同的丰富度导致种内或者种间不同的竞争程度，这是影响啮齿类动物取食时拥有多少选择的重要因素。本研究得出的食性选择结果，没有考虑自然状态下资源可用程度的差异、竞争等因素的影响，是啮齿动物对所处自然环境长期适应的结果，由此得出的 4 种啮齿动物在食物资源生态位的分化特点，能够反映出这些啮齿动物潜在的食物资源生态位分化模式。

生态位分化有利于减轻竞争，使同域共存物种在有限的资源中共存，从而丰富生物多样性，是维持物种共存的必要条件。而这种生态位分化也取决于动物生存的不同生境或微生境。4 种啮齿动物对种子选择偏好差异可能与长期进化形成的生境分化有关。不同生境内啮齿动物群落组成具有差异，生境内的植被特征、时空变化、气候条件、食物资源、干扰程度、天敌风险等因素影响啮齿动物对生境的选择，从而也影响其取食习性。研究结果显示，同域分布的啮齿动物主要分布生境略有差别，混交林为棕背䶄的最适宜生境，阔叶林也占有一定比重；大林姬鼠最适生境为阔叶林，混交林也是其重要生境；黑线姬鼠在灌丛、农田、草地、草甸分布较多；大仓鼠在农田附近中较多。

另外，取食生态位重叠不代表一定存在竞争，这与食物资源量相关，食物资源丰富度也会影响动物的食物选择。食物资源量丰富时，物种间能允许较大的生态位重叠，食物资源匮乏时，则可能发生竞争。

第六章
季节对森林啮齿动物分散
贮食对策的影响

　　植物常依靠动物作为媒介进行扩散，植物作为动物的食物，大量的种子被取食和贮藏。在植物种子扩散和更新过程中，啮齿动物扮演着重要的角色。种子扩散是影响植物再生、物种存活和分布的关键环节，在森林生态系统中起着至关重要的作用。啮齿动物的行为决定了种子分散的模式，从根本上影响植被种群和群落动态，甚至是森林生态系统。作为植物种子主要的分散贮食者，啮齿动物往往主导着森林再生的局部动态，成为森林生态系统中重要的种子扩散者。

　　啮齿动物的贮食行为是一种特殊的取食活动，是应对食物资源周期性波动和环境时空变化的一种适应。啮齿动物的贮食行为受多种因素影响，其中包括植物种子特征、产量、分布以及食物资源的时空变化，还有气候、生境结构等环境因素的季节变化等。在温带地区，啮齿动物的群落结构与数量都具有明显的季节波动，食物贮藏活动强度在 1 年中的不同季节间也有明显差异。合理分配有限的食物资源，调节食物的时空丰富度与格局，有利于啮齿动物利用贮藏的资源来保障食物短缺时期的生存或繁殖活动。尤其在栖息环境季节性变化显著的北温带地区，气候环境变化明显，生境条件不稳定，食物波动性较大，贮藏食物是应对恶劣环境的重要方式，能有效节省取食时间和减少能量消耗，能够确保啮齿动物顺利越冬。

季节变化是影响啮齿动物贮食行为的关键因子。中国东北地区温带森林植被资源丰富，是重要的物种资源和种子资源库，林地中啮齿动物种类和数量都很丰富，啮齿动物既通过取食植物和种子危害林木资源，又通过分散贮藏食物而促进了植被的更新。红松、蒙古栎、毛榛、山杏是研究区内常见的林木种子，也是啮齿动物的主要食物资源；通过在春、秋两季释放 4 种标记后的种子，调查啮齿动物对种子的取食、搬运和贮藏情况，有助于了解自然环境下，啮齿动物对多种种子的取食模式以及存在的季节规律，为探索啮齿动物与林木种子的相互作用、与森林植被更新的关系、植被恢复与重建提供一定的理论价值和实践指导意义。

第一节　季节影响分散贮食的研究方法

一、研究样地的选择

研究地点选择三道林场林区（东经 $129°24'$—$129°32'$，北纬 $44°40'$—$44°45'$；海拔 380~550m），位于我国东北地区长白山北北麓、张广才岭东部的牡丹江市郊。气候属温带和寒带大陆性季风气候，四季分明，还有炎热的雨季。最高温度 37℃，最低气温−44.1℃，年平均气温 2.3~3.7℃。无霜期 100~160d，大部分地区的初霜是在 9 月下旬，最后 1 次霜冻是在 4 月下旬到 5 月初。降水集中于 6—9 月，降水量为 400~800mm。

二、种子的标记与追踪

对用于野外调查实验中选用的红松、毛榛、蒙古栎、山杏 4 种健康种子进行标记。标记种子时，使用电钻，配备直径为 0.5mm 的钻头在种子的一端打孔，使用红色薄塑料片剪成

3cm×1cm 的矩形塑料牌，在短边中间部位扎一小孔，使用直径为 0.3mm、长度为 8cm 的软钢丝线把打孔的种子和塑料牌连接起来，在每个标签上标注种子类别、样点编号、种子编号。经试验，啮齿动物取食种子或者在土壤中、枯枝叶下、浅洞穴中埋藏种子后，标签会暴露在地表，便于调查时寻找定位。啮齿动物无法咬断钢丝线，这种标记方法对啮齿动物搬运种子没有显著影响。

三、种子的释放与调查

在森林中随机布置食物投放点，投放点间距大于 50m。每个投放点投放 4 种种子各 20 颗，共 80 颗。春季共设置投放点 15 个，每种种子投放 300 颗，共计 1 200 颗；秋季共设置投放点 8 个，每种种子投放 180 颗，共计 720 颗。

分别在投放后的 1、2、3、4、6、8、12、16、20、28、36、44、60d 进行调查，记录种子命运及特征，测量种子被搬运的距离。秋季调查因 11 月中旬降雪而终止。

四、种子命运的定义

野外实验释放种子的命运定义如下：

原地完好（Intact in situ，IS）：位于投放点的种子未被取食和搬运。

原地取食（Predation in situ，PS）：种子在投放点被取食。

搬运后取食（Predation after Removal，PR）：种子被搬运出投放点后被取食。

搬运后完好（Intact after Removal，IR）：种子被搬运后弃置在地表。

搬运后埋藏（Hoarded after Removal，HR）：种子被搬运后埋藏在土壤中或腐殖质层中。

搬运后丢失（Missing after Removal，MR）：搬运后无法找到种子。

消耗（Consumption）：除原地完好的种子，其他种子命运定义为被啮齿动物消耗。

取食（Predation）：原地取食和搬运后取食定义为取食。

扩散（Dispersal）：搬运后完好、搬运后埋藏、搬运后丢失定义为扩散，但丢失的种子部分调查指标无数据记录，因此检验、比较时无法计算和统计。

50%的种子被消耗的时间（Median Removal Time，MRT）：以 d 表示，用于比较两个季节中种子的消耗率。

五、统计方法

应用 Excel 工作表和 SPSS 22.0 软件进行数据统计处理与检验分析。数据分析前，用 Kolmogorov - Smirnov 检验和方差齐性检验的方法检验数据正态性和方差齐性。符合正态性和方差齐性的数据用参数方法检验，不符合的用非参数方法检验。根据不同研究内容的需要，分别利用多样本检验（Kruskal - Wallis H 检验）比较 4 种种子间的显著性差异，利用独立样本检验（Mann - Whitney U 检验）进行不同季节和不同种子的两两比较检验，利用生存函数 Cox 回归分析生成种子命运的生存曲线。所有数据统计值用平均值±标准差表示，$P<0.05$ 认为差异有统计学意义。

第二节 季节影响分散贮食的研究结果

一、种子的消耗曲线

根据 4 种种子春、秋两季的总消耗曲线分析（图 6-1），取食早期，种子的消耗速度最快，一般在 20d 后，消耗速度渐缓。随时间推移，多数啮齿动物喜食的种子（红松、毛榛、蒙古栎）被消耗殆尽，一些不喜食的种子（山杏）大部分被留在原地，因此，曲线消耗比例接近 20% 附近后，曲线平缓，种子消耗速度渐小。

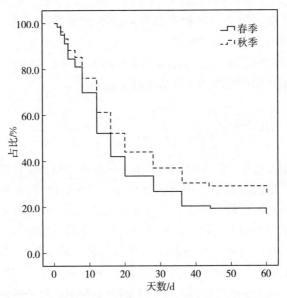

图 6-1 中国东北地区温带森林红松、毛榛、蒙古栎、
山杏 4 种种子春、秋两季的总消耗曲线

根据 4 种种子春、秋两季的消耗曲线分析（图 6-2），春、秋两季种子消耗趋势一致，但消耗速度存在差异，春季消耗速度比秋季更快（$W = 32.395$，$df = 1$，$P < 0.001$），大部分山杏种子未消耗，红松、毛榛、蒙古栎种子的曲线在 20% 附近消耗趋势渐缓。

根据 4 种种子春、秋两季的消耗曲线分析，不同种子具有差异，红松、毛榛、蒙古栎 3 种种子具有相似的消耗趋势，但消耗

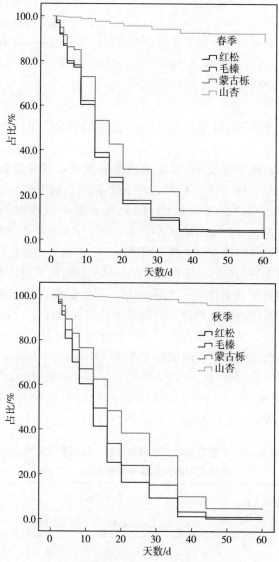

图6-2 中国东北地区温带森林红松、山榛、蒙古栎、
山杏4种种子春、秋两季的消耗曲线

速度有差异（春季：$W=43.215$，$df=2$，$P<0.001$；秋季：$W=31.710$，$df=2$，$P<0.001$），山杏种子的消耗速度极为缓慢。两个季节的 4 种种子消耗速度规律一致：红松＞毛榛＞蒙古栎＞山杏（春季：$W=259.542$，$df=3$，$P<0.001$；秋季：$W=114.104$，$df=3$，$P<0.001$）。

二、种子的最早发现时间和最早消耗时间

春季，种子投放 1d 后被啮齿动物发现，最早发现时间为 $7.2d\pm8.8d$（1～36）[a]；秋季，种子投放 2d 后被发现，最早发现时间 $5.8d\pm3.8d$（2～12）[a]，两个季节最早发现时间无差异（Mann－Whitney U 检验，$Z=-0.508$，$P>0.05$）。啮齿动物发现种子后，根据喜好选择不同的种子，进行不同的操作，导致种子出现不同的命运。不同种子的最早消耗时间不同，春季种子的最早消耗时间顺序是：毛榛最早，其次是蒙古栎，然后是红松，最后是山杏；秋季种子的最早消耗时间顺序是：毛榛最早，其次是红松，然后是蒙古栎，最后是山杏。不同季节的红松、毛榛、蒙古栎的最早消耗时间均无差异（Kruskal－Wallis H 检验，春季：$\chi^2=1.140$，$P>0.05$；秋季：$\chi^2=0.634$，$P>0.05$）。不论春季和秋季，山杏的最早消耗时间均显著晚于其他种子（Mann－Whitney U 检验，所示 $P<0.05$）（表 6-1）。

表 6-1　中国东北地区温带森林春、秋两季不同种子的
最早发现时间和最早消耗时间

季节	最早发现时间/d	最早消耗时间/d			
		红松	毛榛	蒙古栎	山杏
春季	7.2 ± 8.8 （1～36）[a]	10.7 ± 13.8 （1～60）[b]	9.4 ± 13.0 （1～60）[b]	9.6 ± 7.9 （1～60）[b]	75.4 ± 38.1 （6～108）[c]

（续）

季节	最早发现时间/d	最早消耗时间/d			
		红松	毛榛	蒙古栎	山杏
秋季	5.8±3.8 (2～12)[a]	10.3±8.1 (2～28)[b]	9.1±7.87 (3～28)[b]	11.1±7.0 (4～20)[b]	70.7±33.9 (12～92)[c]

注：基于 Mann - Whitney U 检验方法检验春季和秋季种子最早发现时间的差异，基于 Kruskal - Wallis H 检验方法检验 4 种种子之间最早消耗时间的差异，不同的上标字母表示彼此之间的显著差异（$P < 0.05$）。

三、50％的种子被消耗的时间

不区分种子种类时，春季和秋季 50％的种子被消耗的时间（MRT）均在第 16 天左右，75％的种子被消耗的时间春季在第 36 天左右，秋季在第 44 天左右，第 90 天后仍有 18.08％的种子未消耗（见图 6-1），未消耗的种子中山杏占 90.46％。根据数据统计分析（表 6-2，图 6-2），不同种子 50％的数量被消耗的时间不同，春、秋季表现出的规律比较一致：红松最短，其次是毛榛，蒙古栎时间最长，但 3 种种子间不存在显著差异（Kruskal - Wallis H 检验，春季：$\chi^2 = 4.480$，$P > 0.05$；秋季：$\chi^2 = 3.089$，$P > 0.05$）。春、秋两季调查期间，山杏种子的消耗率均未超过 50％；秋季调查时发现，仍有部分春季投放的山杏种子留在种子投放处，按照消耗曲线估计，50％的山杏种子被消耗时间应超过 150d。

表 6-2 中国东北地区温带森林春、秋两季红松、毛榛、蒙古栎、山杏 50％的种子被消耗的时间

季节	50％的种子被消耗的时间（MRT）/d			
	红松	毛榛	蒙古栎	山杏
春季	13.6±12.9[a]	14.4±14.0[a]	18.5±10.1[a]	—

（续）

季节	50%的种子被消耗的时间（MRT）/d			
	红松	毛榛	蒙古栎	山杏
秋季	10.3±8.1ᵃ	13.8±7.0ᵃ	18.7±12.4ᵃ	—

四、种子的最晚消耗时间

调查期间发现，不是100%的种子都会被啮齿动物消耗完，因此可根据啮齿动物取食完的投食点的调查数据估测红松、毛榛、蒙古栎3种种子的最晚消耗时间（表6-3）。春季，蒙古栎被消耗尽的最晚时间显著晚于红松（$Z=-0.074$，$P<0.05$），与毛榛几乎无差异（$Z=-1.395$，$P>0.05$）。秋季，蒙古栎最晚消耗时间显著晚于红松（$Z=-3.446$，$P<0.001$）和毛榛（$Z=-2.650$，$P<0.01$）。

表6-3 中国东北地区温带森林春、秋两季不同种子的最晚消耗时间

季节	最晚消耗时间/d			
	红松	毛榛	蒙古栎	山杏
春季	18.3±12.5 （2～60）ᵃ	21.1±17.0 （4～76）ᵃᵇ	28.5±17.7 （12～76）ᵇ	—
秋季	17.3±7.2 （8～28）ᵃ	24.0±12.8 （4～44）ᵃ	46.7±17.9 （28～76）ᵇ	—

注：基于Mann-Whitney U检验方法检验春季和秋季种子最晚消耗时间的差异，基于Kruskal-Wallis H检验方法检验3种种子间的最晚消耗时间的差异，不同的上标字母表示彼此之间的显著差异（$P<0.05$）。

五、种子命运

不同种子的命运不同，种子命运的季节性差异较大，春季种

子消耗量要大于秋季。除山杏种子外，其他 3 种种子消耗率均超
过 90％。春季，红松种子消耗率达 99.56％，毛榛种子 100％，
蒙古栎种子 92.35％；秋季，红松种子消耗率达 99.44％，毛榛
种子 99.44％，蒙古栎种子 97.22％。春、秋季山杏种子的消耗
率分别为 21.00％和 3.33％（图 6-3）。

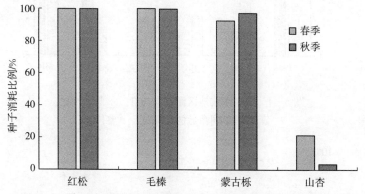

图 6-3　中国东北地区温带森林春、秋两季 4 种种子的消耗比例

　　春季，原地完好（IS）、原地取食（PS）、搬运后取食
（PR）、搬运后完好（IR）、搬运后埋藏（HR）、搬运后丢失
（MR）的种子比例分别为 14.20％、41.52％、13.59％、
1.45％、11.07％、18.17％；秋季，对应命运的种子比例分别为
25.14％、8.47％、7.92％、5.28％、19.58％、33.61％（图 6-
4）。未消耗的种子主要是山杏种子（春季占 79.00％，秋季占
96.66％）；原地取食的种子中都是红松种子占比最多（春季占
70.00％，秋季占 15.00％），蒙古栎种子次之（春季占 50.59％，
秋季占 11.67％）；搬运后埋藏的种子中毛榛种子比例最大（春
季占 29.06％，秋季占 36.11％）（图 6-5）。

　　春季的总取食率（原地取食占比＋搬运后取食占比）较大，
占 55.11％，高于秋季的此项数值（16.39％）。秋季种子总扩散
率（搬运后完好占比＋搬运后埋藏占比＋搬运后丢失占比）较

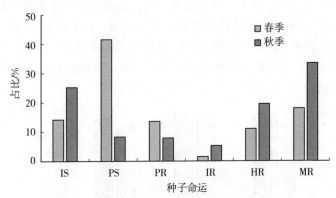

图 6 - 4　中国东北地区温带森林春、秋两季 4 种
种子不同命运的数据统计（整体）

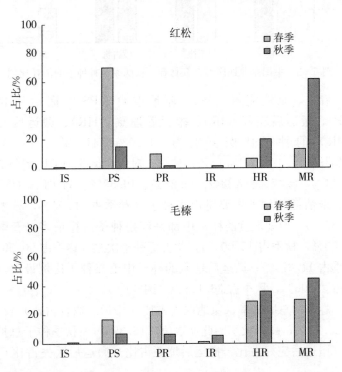

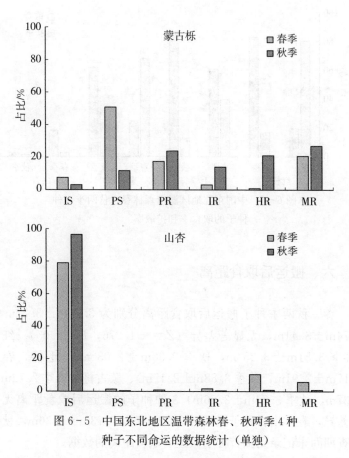

图 6 - 5　中国东北地区温带森林春、秋两季 4 种
种子不同命运的数据统计（单独）

大，占 58.47％，高于春季的此项数值（30.69％）（图 6 - 4）。
这一规律在红松、毛榛、蒙古栎 3 种种子中表现得也比较明显。
春季，红松、毛榛、蒙古栎的取食率分别为 80％、30.38％、
67.94％，扩散率分别为 19.56％、60.32％、24.41％；秋季，红
松、毛榛、蒙古栎的取食率分别为 16.67％、12.77％、35.56％，
扩散率分别为 82.77％、86.67％、61.66％（图 6 - 6）。

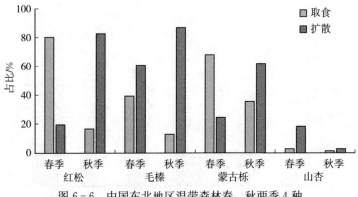

图 6-6　中国东北地区温带森林春、秋两季 4 种
种子的取食率和扩散率

六、搬运后取食距离

春、秋两季种子搬运后取食距离分别为 3.26m±3.21m 和
3.74m±3.41m，无显著差异（$Z=-1.276$，$P>0.05$）。红松
（春季 3.51m±3.25 m，秋季 3.30m±2.03 m）、毛榛（春季
3.17m±2.91m，秋季 3.88m±2.19m）、蒙古栎（春季 2.72m±
3.37m，秋季 3.74m±3.76m）3 种种子的搬运后取食距离无季
节差异，春季山杏种子搬运后取食距离为 7.73m±3.36m，秋季
调查期间未记录到山杏种子搬运后取食距离的数据。

七、扩散距离

春、秋两季种子扩散距离分别为 4.15m±3.52m 和4.87m±
3.94m，春季的扩散距离显著小于秋季（Mann - Whitney U 检
验，$Z=-2.008$，$P<0.05$）。红松的扩散距离显著大于其他 3
种种子（Kruskal - Wallis H 检验，$\chi^2=24.975$，$P<0.001$），

其他 3 种之间无差异（Kruskal - Wallis H 检验，$P>0.05$）。红松春季的扩散距离（3.89m±2.05m）显著小于秋季的扩散距离（7.97m±5.33m）（Mann - Whitney U 检验，$Z=-3.762$，$P<0.001$）。毛榛（春季 4.42m±3.72m，秋季 4.12m±2.49m）、蒙古栎（春季 6.16m±6.27 m，秋季 3.69m±3.31m）、山杏（春季 2.29m±1.50m，秋季 3.18m±2.66m）的扩散距离无季节差异（Mann - Whitney U 检验，$P>0.05$）。种子的扩散距离大于搬运后取食的距离（Mann - Whitney U 检验，$P<0.05$）。

第三节　啮齿动物贮食策略的季节差异分析

　　啮齿动物获得食物概率除取决于自身的取食投入以外，还受到多种因素的影响，食物资源可得性是影响取食策略的核心因素。啮齿动物的贮食策略是对食物资源变化的适应，因为能够获取的食物量取决于遇见食物的概率。啮齿动物会根据环境中的潜在食物资源丰度和分布情况，权衡寻找食物过程中的成本（投入时间、搜寻范围）与收益，调整取食策略。生态位宽度理论认为：可利用资源少，生态位宽度增加而泛化；可利用资源丰富，生态位宽度减小而特化。因此，取食者会随着食物供应的减少而从选择性取食转向机会主义取食。

　　食物资源的季节变化影响觅食活动。春季资源匮乏、分布不均衡，啮齿动物为保障生命活动的能量需求，需投入更多时间、精力，搜寻更大范围寻找食物，因此一些个体第 1 天就发现了投放的种子；而秋季是植物种子成熟的季节，环境中食物资源丰富、分布均衡，啮齿动物寻找食物所付出的精力少，搜寻范围小，最早的个体在第 2 天发现投放的种子。

　　食物品质的季节变化也是影响啮齿动物取食、贮食策略的重要因素。啮齿动物的食物随植物成长阶段而改变，不同季节取食植物部位和比例差异很大。如果食物质量较差，会胁迫啮齿动物频繁取食，缩短取食周期，增加活动时长与活动总量，取食成为主要活动，贮食减少。

啮齿动物自身需求体现出季节变化。北温带气候的季节性变化，导致啮齿动物为满足不同的生命活动而形成了节律性需求。春季种子的取食量更大，消耗速率更快，反映出在春季尽快获取食物资源补充能源十分重要，这种对策是对生存的重要保障，便于啮齿动物顺利进入资源丰富、环境良好的夏季。秋季，食物丰度致使啮齿动物的取食策略弱化，但扩散量更大，说明必须贮存更多的食物以便能够顺利越冬。这些是啮齿动物对食物和环境的季节变化形成的适应策略，对啮齿动物的当时和未来的生存与繁殖都有意义。

植被的季相变化会导致啮齿动物的竞争程度和被捕食风险的变化。研究区域的啮齿动物群落组成和种群数量具有显著的季节变化，冬、春季节啮齿动物数量少，夏、秋季节数量较多，使竞争强度随之改变。植被季相改变了环境的隐蔽性，使天敌捕食风险发生变化。种子搬运后取食的距离是啮齿动物权衡成本和收益后的结果，春、秋两季没有差异，说明经过长期进化，这种权衡逐渐形成了稳定的模式，在去除被捕食风险带来的搬运能量消耗后，取食获得的收益实现最大化。而扩散种子的距离大于搬运后取食的距离，说明距离种子源远的贮食环境安全性更高，能够更好地减少被捕食风险和竞争偷盗风险，提供更好的物质保障。

种子特征和需求的差异会影响啮齿动物的贮食行为，表现出啮齿动物对食物的选择偏好。小型啮齿动物对食物质量要求较高，食物选择性也更明显。啮齿动物对种子的选择偏好是动、植物间协同进化产生的结果，种子通过形态特征和营养成分吸引动物，并诱导啮齿动物取食、搬运或者贮藏，形成互惠关系。实验中用的4种种子的差异诱导啮齿动物产生取食和贮食策略差异，例如，更多的红松、蒙古栎种子被取食，更多的毛榛种子被贮藏，大部分山杏种子不被选择。

　　根据处理成本假说，优先取食淀粉和脂类含量更高的蒙古栎和红松种子，啮齿动物能够获得更大的能量收益。毛榛种子脂类含量也很高，但种壳厚而硬，处理耗时更长，产生的取食成本与被捕食风险会增高，所以贮藏备用是最优策略，且毛榛种子不易发霉或虫蛀，比蒙古栎种子更适于长期贮藏，因此不论春季还是秋季，毛榛种子的扩散量都是最高的（春季 60.32%，秋季 86.67%）。山杏种子取食与搬运量都很少，说明有某些关键因素使啮齿动物产生排斥，猜测可能是由于杏仁中含有的苦杏仁苷类物质导致的，这一观点有待深入研究。不同种子的扩散距离不同，也是啮齿动物对不同种子特征表现出的选择差异。

　　啮齿动物会随季节和食物不同改变取食和贮食行为策略。啮齿动物采取不同的觅食策略，使种子的消耗量具有明显的季节性差异：春季食物资源匮乏，啮齿动物比秋季付出更多的觅食努力，春季种子比秋季消耗得更多更快，春季为了满足能量供应的即时需求，啮齿动物对种子的取食量更大；秋季种子丰度增加，为了保障越冬必备的食物需求，啮齿动物将更多的种子扩散到不同的地点贮藏起来，扩散距离也相对更大。对于同域分布的不同种子，啮齿动物会识别判断种子的特性（导致种子具有不同的命运）采取不同方式处理种子，形成明显的取食偏好，通常优先取食营养物质丰富且容易处理的种子，种皮厚、硬的种子贮藏量更大。

第七章
生境变化对啮齿动物贮食策略的影响

　　啮齿动物的贮食行为是一种特殊的取食活动，是应对食物资源周期性波动和环境时空变化的一种适应。合理分配有限的食物资源，调节食物的时空丰富度与格局，有利于啮齿动物利用储存的资源来保障食物短缺时期的生存或繁殖活动。森林生态系统中很多植物依靠动物作为传播媒介，在植物种子扩散和更新过程中，大量种子被动物取食、扩散、贮藏，成为影响植物再生、物种存活和分布的关键环节，动物的载体行为决定了种子的分散和生存模式，拓展了植物时空分布格局，影响了种群、群落甚至是生态系统的局部动态。

　　协同进化过程中，贮食动物和植物已广泛形成了互惠关系。动、植物双方都进化出了一些特性或习性，适应和加强这种互惠关系。啮齿动物的贮食行为受多种因素影响，其中包括植物种子特征、产量、分布及食物资源的时空变化，还有气候、生境结构等环境因素的季节变化等。生境植被的时空特征和啮齿动物自身生命规律等因素，对啮齿动物活动产生明显的时空限制性。因此，啮齿动物的行为可以较好地反映其对生境选择、环境变化的适应程度。

　　通过在阔叶林、混交林林缘、针阔混交林、人工落叶松林4种不同生境中进行种子释放实验，调查不同环境格局下啮齿动物对种子取食、搬运、贮藏情况；探究自然环境下，啮齿动物对多种种子的利用模式及表现的时空变化规律；探索啮齿动物与林木种子的相互作用、与森林植被更新的关系、植被恢复与重建。

第一节　生境影响分散贮食的研究方法

一、研究地点

在黑龙江省牡丹江市三道林场林区（东经 $129°24'$—$129°32'$，北纬 $44°40'$—$44°45'$；海拔 $380\sim550\text{m}$）进行实验。研究区域位于长白山北端张广才岭主脊的东部，气候属温带和寒带大陆性季风气候，四季分明，有炎热的雨季。这里记录的最高温度是 $37℃$，最低气温为 $-44.1℃$，年平均气温为 $2.3\sim3.7℃$。

选取了 4 种不同的生境进行现场试验。生境变化实验选择人为干扰较小的阔叶林、混交林林缘、针阔混交林、人工落叶松林4 块样地，样地间距大于 2 km。大林姬鼠、黑线姬鼠、棕背鼠平是研究区域主要的植物种子取食者和传播者。

二、种子的标记

生境变化实验使用红松、毛榛、蒙古栎 3 种林木种子。选取健康种子进行标记。标记种子的方法为：使用电钻配备直径为 0.5mm 的钻头在种子的一端打孔，使用红色薄塑料片剪成 3cm×1cm 的矩形塑料牌，在短边中间部位扎一小孔，使用直径为 0.3mm、长度为 8cm 的软钢丝线把打孔的种子和塑料牌连接起来，在每个标签上标注种子类别、样点编号、种子编号。经试验，啮齿动物取食种子，然后在土壤中、枯枝叶下、浅洞穴中埋藏种子后，标签会暴露在地表，便于调查时寻找定位。啮齿动物无法咬断钢丝线，这种标记方法对啮齿动物搬运种子没有显著影响。

三、种子的释放和调查

在森林中随机布置食物投放点，投放点间距大于50m。每个投放点投放每种标记种子 20 颗。分别在投放后的 1、2、3、4、6、8、12、16、20、28、36、44、60d 进行调查，记录种子命运及特征，测量种子搬运距离。秋季调查因 11 月中旬降雪而终止。

阔叶林共设置投放点 7 个，混交林林缘共设置投放点 6 个，针阔混交林共设置投放点 8 个，人工落叶松林共设置投放点 5 个。

四、种子命运的定义

原地完好（Intact in situ，IS）：位于投放点的种子未被取食和搬运。

原地取食（Predation in situ，PS）：种子在投放点被取食。

搬运后取食（Predation after Removal，PR）：种子被搬运出投放点后被取食。

搬运后完好（Intact after Removal，IR）：种子被搬运后弃置在地表。

搬运后埋藏（Hoarded after Removal，HR）：种子被搬运后埋藏在土壤中或腐殖质层中。

搬运后丢失（Missing after Removal，MR）：搬运后无法找到种子。

消耗（Consumption）：除原地完好的种子，其他种子命运定义为被啮齿动物消耗。

取食（Predation）：原地取食和搬运后取食定义为取食。

扩散（Dispersal）：搬运后完好、搬运后埋藏、搬运后丢失定义为扩散，但丢失的种子部分调查指标无数据记录，因此检验、比较时无法计算和统计。

50%的种子被消耗的时间（Median Removal Time，MRT）：以 d 表示，用于比较两个季节中种子的消耗率。

五、数据统计

应用 Excel 工作表和 SPSS 22.0 软件进行数据统计处理与检验分析。数据分析前，用 Kolmogorov - Smirnov 检验和方差齐性检验的方法检验数据正态性和方差齐性。符合正态性和方差齐性的数据用参数方法检验，不符合的用非参数方法检验。根据不同研究内容的需要，分别利用多样本检验（Kruskal - Wallis H 检验）检测种子之间的差异，利用独立样本检验（Mann - Whitney U 检验）进行数据的两两比较检验，利用生存函数 Cox 回归分析生成种子命运的生存曲线。所有数据统计值用平均值±标准差表示，显著性水平为 $\alpha = 0.05$，极显著水平为 $\alpha = 0.01$。

第二节　生境影响分散贮食的研究结果

一、4 个样地的生境基本特征

4 个实验样地的生境特征明显，在植被组成、啮齿动物群落方面差异都比较大，其中阔叶林和针阔混交林是研究地点的主要林型（表 7 - 1）。

表 7 - 1　4 个生境样地的基本特征

	阔叶林	混交林林缘	针阔混交林	人工落叶松林
植被组成与特征	乔木以蒙古栎为主，间有少量落叶松、云杉、白桦等；林下灌木量一般，草本植物较丰富	乔木少，灌丛比例高，草本植物丰富	乔木以落叶松和蒙古栎为主，间有少量红松、白桦、青杨等；林下灌木不多，草本植物一般	落叶松为主，间有几棵青杨、白桦等；林下灌木、草本植被稀少

（续）

	阔叶林	混交林林缘	针阔混交林	人工落叶松林
植被盖度	乔木层盖度50%左右	乔木层盖度10%左右，灌丛盖度50%	乔木层盖度60%左右	乔木层盖度70%左右
植被高度	>10m	<3m	>10m	5～10m
乔木间距	3～5m	>5m	3～5m	2m左右
地表基质	落叶为主，落叶层、腐殖质较厚；常见散落蒙古栎种子	一年生草本植物为主，有少量落叶	落叶为主，腐殖质较厚；常见取食后的红松种皮，可见蒙古栎种子	落叶松落叶为主，落叶层较厚
人为干扰程度	一般	较大	一般	较小
啮齿动物组成	大林姬鼠、黑线姬鼠为主，棕背鼠平较少，偶见松鼠、花鼠	黑线姬鼠、东方田鼠为主，大林姬鼠少	大林姬鼠、黑线姬鼠、棕背鼠平为主，偶见松鼠、花鼠	大林姬鼠、黑线姬鼠为主

二、种子的生存曲线

通过对不同生境种子的存活率进行分析，得出了生存曲线（图 7-1）。种子的生存曲线表现出相同的趋势，但不同生境种子的消耗速率不同，不同生境生存曲线差异显著（$W=111.958$，$df=3$，$P<0.001$），在人工落叶松林中 3 种种子的消耗速率最快，在混交林林缘处消耗速率最慢，阔叶林、混交林林缘、针阔混交林 3 个生境中消耗速率接近：生存曲线区分度小，无显著差异（$W=3.526$，$df=2$，$P=0.172$）。总的来说，大多数

早期的种子很快就被吃掉了，20d后，种子取食量逐渐减少，因此，当种子存活率接近20％时，曲线趋于平缓，种子消耗趋势下降。

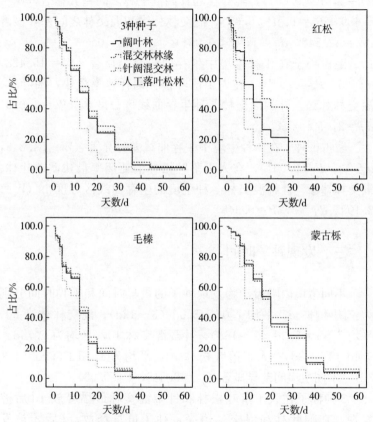

图7-1　实验地区温带森林3种种子在不同生境下的生存曲线

分别检验3种种子在不同生境的生存曲线，结果表明，每种种子在不同生境中的生存曲线差异显著。

红松种子在4种生境中生存曲线差异显著（$W = 88.400$，$df = 3$，$P < 0.001$），消耗速率顺序为：人工落叶松林＞针阔混

交林＞阔叶林＞混交林林缘。阔叶林、混交林林缘、针阔混交林3种生境的生存曲线区分度较大（$W=38.838$，$df=2$，$P<0.001$），阔叶林和混交林林缘之间差异显著（$W=18.608$，$df=1$，$P<0.001$），阔叶林和针阔混交林之间差异显著（$W=4.689$，$df=1$，$P<0.05$），混交林林缘和混交林之间差异显著（$W=32.548$，$df=1$，$P<0.001$）。

毛榛种子在4种生境中生存曲线差异显著（$W=15.428$，$df=3$，$P<0.001$），在人工落叶松林消耗速率最快，阔叶林、混交林林缘、针阔混交林3种生存曲线区分度小（$W=1.090$，$df=2$，$P=0.580$）。

蒙古栎种子在4种生境中生存曲线差异显著（$W=54.848$，$df=3$，$P<0.001$），在人工落叶松林消耗速率最快，阔叶林、混交林林缘、针阔混交林3种生境的生存曲线区分度小（$W=2.109$，$df=2$，$P=0.348$）。

三、发现种子时间

不同生境内啮齿动物发现种子的最早时间和平均时间分别为：阔叶林3d，平均7.0d±3.0d（3～12d）；混交林林缘3d，平均7.5d±5.3d（3～16d）；针阔混交林1d，平均为7.75d±9.4d（1～28d）；人工落叶松林1d，平均为1.4d±0.9d（1～3d）。不同生境间差异显著（$\chi^2=9.348$，$P<0.05$）。

3种种子在人工落叶松林和针阔混交林最早释放1d后被发现。在阔叶林和混交林边缘，种子最早释放3d后才被发现。人工落叶松林中发现种子的最早时间和平均时间最短。两两比较显示，人工落叶松林与其他3种生境差异显著（阔叶林：$Z=-2.836$，$P<0.01$；混交林林缘：$Z=-2.723$，$P<0.05$；针阔混交林：$Z=-1.853$，$P<0.05$）。阔叶林、混交林林缘、针阔混交林之间无差异（Mann - Whitney U 检验，

$P>0.05$）。

四、50％的种子被消耗的时间

不同生境中 50％的种子被消耗的时间差异显著（$\chi^2 =$ 10.789，$P<0.05$），人工落叶松林中用时最少，为（7.67±6.80）d；阔叶林用时最多，为（17.52±12.91）d。经两两检验比较显示，人工落叶松林与其他生境均具有显著差异（阔叶林：$Z=-3.127$，$P<0.01$；混交林林缘：$Z=-2.661$，$P<$ 0.01；针阔混交林：$Z=-2.459$，$P<0.05$）。阔叶林与混交林林缘（$Z=-0.210$，$P>0.05$），阔叶林与针阔混交林（$Z=-0.499$，$P>0.05$），混交林林缘与针阔混交林之间（$Z=-0.097$，$P>$ 0.05）差异均不显著（表7-2）。

表7-2　实验地区温带森林不同生境中红松、毛榛、

蒙古栎 50％的种子被消耗的时间

生境类型	50％的种子被消耗的时间/d			
	3 种种子	红松	毛榛	蒙古栎
阔叶林	17.52 ± 12.91 （4～60）	13.71 ± 7.25 （8～28）	13.43 ± 7.89 （4～28）	25.43 ± 18.21 （6～60）
混交林林缘	15.24 ± 9.35 （3～36）	17.17 ± 10.59 （3～36）	12.67 ± 5.89 （4～20）	16.00 ± 12.25 （6～36）
针阔混交林	14.78 ± 9.61 （1～36）	10.38 ± 9.23 （2～28）	12.63 ± 8.47 （1～28）	22.29 ± 7.61 （12～36）
人工落叶松林	7.67 ± 6.80 （1～28）	6.00 ±2.74 （3～8）	6.20 ± 6.06 （1～16）	10.80 ± 9.96 （2～28）

注：括号中的数字范围代表种子扩散时间范围。

五、不同生境的种子命运

种子在不同生境的命运具有较大差异（表 7-3）。3 种种子总消耗率分别为：红松 96.70%，毛榛达 99.09%，蒙古栎达 93.07%。在不同生境中消耗情况不同，各种生境中蒙古栎种子剩余的较多，阔叶林中蒙古栎种子有 11.43% 未消耗；混交林林缘处红松和蒙古栎种子分别有 12.50% 和 8.00% 未消耗；针阔混交林中 4.28% 的蒙古栎种子未消耗；人工落叶松林中毛榛和蒙古栎种子分别有 3.00% 和 4.00% 未消耗。

在混交林林缘处，3 种种子的取食比例均最低（红松 28.33%、毛榛 15.83%、蒙古栎 44.00%），扩散比例均最高（红松 59.17%、毛榛 84.17%、蒙古栎 48.00%）。在其他 3 种生境中，3 种种子未表现出一致的规律，但都具有生境间的差异。

红松在阔叶林和人工落叶松林中的取食比例不小于 60%，大于扩散比例（35.00% 和 40.00%）；在混交林林缘和针阔混交林中相反，扩散比例接近 60%，都高于取食比例（混交林林缘 28.33%、针阔混交林 41.83%）。

毛榛在所有林型中都表现为扩散比例大于取食比例，在阔叶林中扩散比例最低，为 66.43%，混交林林缘处最高，达到 84.17%。

蒙古栎除在混交林林缘处取食比例（44.00%）较低以外，其他 3 种林型中取食比例均超过 50%，在人工落叶松林中高达 86%；扩散比例在人工落叶松林仅 10%，其他 3 种生境中都大于 30%。

不考虑生境差异时，计算种子取食比例和扩散比例的平均值，红松种子分别为 48.63% 和 48.07%，毛榛种子分别为 23.31% 和 78.75%，蒙古栎分别为 61.07% 和 32.00%，说明啮齿动物选择不同种子的对策不同。

表7-3　实验地区温带森林不同生境中3种种子不同命运的数据统计

种子命运	阔叶林			混交林林缘			针阔混交林			人工落叶松林			所有生境		
	红松	毛榛	蒙古栎	红松	毛榛	蒙古栎	红松	毛榛	蒙古栎	红松	毛榛	蒙古栎	红松	毛榛	蒙古栎
原地完好 (IS)	0.71	0	11.43	12.50	0	8.00	0	0.63	4.29	0	3.00	4.00	3.30	0.91	6.93
原地取食 (PS)	59.29	22.86	36.43	18.33	2.50	19.00	24.37	7.50	43.57	19.00	3.00	59.00	30.25	8.96	39.50
搬运后取食 (PR)	5.00	10.71	15.00	10.00	13.33	25.00	17.50	14.38	19.29	41.00	19.00	27.00	18.38	14.35	21.57
搬运后完好 (IR)	0	2.14	12.86	0.83	5.00	4.00	1.25	2.50	6.43	4.00	8.00	3.00	1.52	4.41	6.57
搬运后埋藏 (HR)	14.29	37.86	5.71	3.34	21.67	20.00	25.63	32.50	5.00	11.00	19.00	1.00	13.56	27.76	7.93
搬运后丢失 (MR)	20.71	26.43	18.57	55.00	57.50	24.00	31.25	42.50	21.43	25.00	48.00	6.00	32.99	43.61	17.50
消耗	99.29	100	88.57	87.50	100	92.00	100	99.38	95.72	100	97.00	96.00	96.70	99.09	93.07
取食	64.29	33.57	51.43	28.33	15.83	44.00	41.87	21.88	62.86	60.00	22.00	86.00	48.63	23.31	61.07
扩散	35.00	66.43	37.14	59.17	84.17	48.00	58.13	77.50	32.86	40.00	75.00	10.00	48.07	78.75	32.00

六、不同生境的种子扩散

扩散种子的平均距离小于 6m，记录的最远距离是 18.66m，在 4 个生境中，种子的扩散距离和埋藏深度均差异显著（距离：$\chi^2 = 24.149$，$P < 0.001$；深度：$\chi^2 = 24.334$，$P < 0.001$）。种子扩散距离主要分布在 1～6m，根据频次统计显示，阔叶林和人工落叶林一致，种子扩散距离在 1～3m 的比例最多，在 44% 左右；其次是 3～6m 内的比例，在 28% 左右；人工落叶松林中小于 1m 的占 16.22%，阔叶林中 6～9m 的占 10.58%，其余的比例都小于 10%。混交林林缘和针阔混交林一致，种子扩散距离在 3～6m 的比例最多，占 44% 左右；在 1～3m 的接近 17%；在 6～9m 的针阔混交林中占 20.83%，混交林林缘中占 12.12%；大于 9m 的比例均小于 10%（图 7-2）。

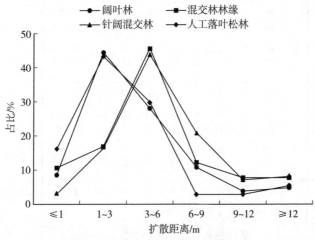

图 7-2　不同生境中种子的扩散距离

两两比较表明，阔叶林和混交林林缘（距离：$Z = -2.566$，$P < 0.001$；深度：$Z = -3.589$，$P < 0.001$）、阔叶林和针阔混

交林（距离：$Z=-3.949$，$P<0.001$；深度：$Z=-3.341$，$P<0.001$）、针阔混交林和人工落叶松林（距离：$Z=-3.811$，$P<0.001$；深度：$Z=-3.077$，$P<0.001$）之间差异均显著。其他生境之间单独比较差异不显著（Mann - Whitney U 检验，所有 $P>0.05$）

将 3 种种子单独分析，红松种子扩散距离在不同生境差异不显著，但埋藏深度差异显著（扩散距离：$\chi^2=6.895$，$P=0.075$；埋藏深度：$\chi^2=10.151$，$P<0.05$）。毛榛种子在不同生境的扩散距离和埋藏深度均差异显著（扩散距离：$\chi^2=16.353$，$P<0.001$；埋藏深度：$\chi^2=45.863$，$P<0.001$）。蒙古栎种子在不同生境的扩散距离差异显著，但埋藏深度均差异不显著（扩散距离：$\chi^2=10.306$，$P<0.05$；埋藏深度：$\chi^2=1.543$，$P=0.462$）。

阔叶林和混交林林缘之间，毛榛种子埋藏深度和蒙古栎种子扩散距离差异显著（毛榛种子埋藏深度：$Z=-4.413$，$P<0.001$；蒙古栎种子扩散距离：$Z=-2.430$，$P<0.05$）。

阔叶林和针阔混交林之间，红松种子埋藏深度、毛榛种子扩散距离、毛榛种子埋藏深度差异显著（红松种子埋藏深度：$Z=-2.060$，$P<0.05$；毛榛种子扩散距离：$Z=-3.985$，$P<0.001$；毛榛种子埋藏深度：$Z=-2.910$，$P<0.05$）。

阔叶林和人工落叶松林之间，红松种子扩散距离和埋藏深度、毛榛种子埋藏深度表现出明显的差异（红松种子扩散距离：$Z=-2.314$，$P<0.05$；红松种子埋藏深度：$Z=-2.892$，$P<0.01$；毛榛种子埋藏深度：$Z=-2.910$，$P<0.05$）。

混交林林缘与人工落叶松林之间，红松种子扩散距离、毛榛种子埋藏深度、蒙古栎种子扩散距离差异显著（红松种子扩散距离：$Z=-2.056$，$P<0.05$；毛榛种子埋藏深度：$Z=-4.833$，$P<0.01$；蒙古栎种子扩散距离：$Z=-2.204$，$P<0.05$）。

针阔混交林与人工落叶松林之间，红松种子扩散距离、毛榛

种子扩散距离、毛榛种子埋藏深度差异显著（红松种子扩散距离：$Z=-2.401$，$P<0.05$；毛榛种子扩散距离：$Z=-2.770$，$P<0.01$；毛榛种子埋藏深度：$Z=-5.046$，$P<0.001$）。

第三节　啮齿动物贮食策略的
生境差异分析

不同生境的啮齿动物贮食策略具有显著的异质性，导致啮齿动物消耗种子的策略显著不同：在人工落叶松林中消耗得最快，混交林林缘处最慢，阔叶林、针阔混交林、混交林林缘处消耗速率接近；不同种子在不同生境中的命运具有较大差异。

不同生境具有不同的特征，生境特征差异会影响生境中的植物群落组成和结构、时空格局、隐蔽条件、食物资源，这些都会影响啮齿动物遇到种子的概率。不同生境中食物资源量及其分布状况不同，导致啮齿动物搜寻和处理食物所需时间和能量的不同，啮齿动物将根据食物资源可利用性改变活动范围。生境异质性还会通过影响啮齿动物密度和分布而改变种内或者种间竞争模式，进而影响啮齿动物对种子的取食和扩散。

4种生境中啮齿动物发现种子的时间、消耗比例、消耗时间差异均较大，反映出不同生境特征的影响。取食与扩散比例是啮齿动物对食物可得性、竞争或者被捕食风险权衡的结果，是实现资源获得最优化的结果。根据研究结果，混交林林缘和人工落叶松林生境特征似乎比较特殊，与多数森林生境在植被组成与结构、群落外貌、林下微生境特征等差异较大，因此在研究结果中表现出许多差异明显的情况。

在混交林林缘生境中，种子剩余量较多，取食比例最低，扩散比例最高，而且消耗时间也最慢。可能由于群落边缘效应，物种多样性高，种间竞争激烈，而且乔木数量少导致生境开阔隐蔽性差、啮齿动物面临的被捕食风险高。啮齿动物采取搬运贮藏种子的策略降低竞争和被捕食风险，在较高的被捕食风险下，啮齿动物会调整行为策略，如增加警戒、减少取食等，为确保生命安全而牺牲一些食物资源绝对是值得的。

在人工落叶松林中，不仅啮齿动物遇见种子的时间最早，而且 50％的种子被消耗的时间显著短，仅用其他生境中一半左右的时间。由于人工落叶松林中植被种类单一、密度大、盖度高，因此树枝交错隐蔽性好，但食物资源丰富度不高，快速地取食或者扩散是占有更多资源的有效途径，这样的取食对策符合快速隔离假说。

在阔叶林中，蒙古栎种子被消耗的速度最慢，最主要的原因可能是生境植被中以蒙古栎为优势物种，散落地表的种子资源丰富，因此，当多种种子的可得性相同时，其他种子成为啮齿动物的首选。

第八章
张广才岭森林大林姬鼠的分散贮食研究

在森林生态系统中，许多动物将种子作为主要食物资源，其中啮齿动物是大型种子主要的取食者和扩散者。多数啮齿动物都具有贮食行为。将部分种子和果实集中或分散贮藏起来以度过食物短缺时期，这种适应对策能够调节食物在时间和空间上的分布和丰富度，是对食物资源在时空分布差异的适应策略，有利于啮齿动物自身生存和物种繁衍。关于啮齿动物与植物种子的相互作用是生态学领域的热点问题，相关学者已经进行了广泛的研究，其中种子扩散过程和机理及种子扩散后的命运是研究的关键问题。理解物种应对环境变化的策略，能够为生物多样性的保护提供基础资料。

啮齿动物行为是在长期的演化过程中，对所生存的环境条件形成的综合性适应，啮齿动物的取食行为包括寻找、获取、加工、摄入和贮藏食物等过程，是其他行为的基础。在构建啮齿动物取食行为谱的基础之上，对取食活动节律进行研究，能够充分了解啮齿动物在不同时间内的活动强度及变化规律，可反映出啮齿动物个体的营养状态、生理状况、社会地位、生存压力和与环境之间的关系，有效揭示啮齿动物个体和群体的状况。

为了使贮食行为更有效，啮齿动物必须考虑到多种的因素，如：何时贮藏，在哪里贮藏，每个贮食点的存放量及是否保护贮食点等。啮齿动物的贮食方式包括集中贮食和分散贮食两种模式。集中贮食动物如松鼠等将大量的食物集中贮藏在 1 个或少数几个贮食点，如洞穴中。分散贮食动物，如小泡巨鼠等在其领域内分布多个贮食点，每个贮食点贮存 1 颗或几颗种子。

贮食对策受环境因素（栖息地、种内和种间竞争、天敌等）、动物自身特点（体型大小、年龄、性别、繁殖状况、优势地位、经验等）和食物特征（种子大小和重量、种皮的厚度和硬度、种子的品质、物质含量等）多方面因素的影响。例如，同域分布的具有体型差异的啮齿动物中，较大的啮齿动物趋向于集中贮食，具有较好的保护食物能力，可以避免同种或种间竞争者获得食物而导致惨重的损失；相反，小型啮齿动物趋向于分散贮食。东部花栗鼠和更格卢鼠在贮食行为上存在性别差异和年龄差异。种子大小和营养物质含量不同影响种子被取食或贮藏的命运。啮齿动物在贮食过程中偏好脂肪含量较高的种子，倾向于贮藏蛋白质含量适中的种子。

通过贮藏食物，啮齿动物和植物之间形成了一种不对称的互利共生关系。作为啮齿动物的食物资源，植物种子为啮齿动物的生存和繁殖提供营养，并影响啮齿动物行为和种群动态。啮齿动物取食、搬运和贮藏植物的种子和果实，影响了植物的种群动态、空间分布、群落结构、基因流动、自然选择、物种多样性。被啮齿动物贮藏的种子可以避免植物母株附近由于密度过大造成植株的死亡，有利于植物拓植新的生长区。集中贮藏的种子对植物更新几乎没有促进作用，而分散贮藏的种子被啮齿动物遗漏后，可在合适的微生境下萌发形成幼苗，进入植物更新的种子库。

啮齿动物与植物种子间相互作用的研究已经成为生态学领域研究的热点问题，而啮齿动物传播植物种子的过程、途径及其对扩散后种子命运的影响是比较核心的问题。研究取食种子的啮齿动物在生态系统中的作用，有助于理解啮齿动物与植物更新的关系、啮齿动物和植物之间协同进化的规律。

大林姬鼠是中国东北地区温带森林啮齿动物群落中的主要物

种，栖息于森林、灌丛、林间空地、草地、林缘地带的农田等多种生境，喜食多种植物种子和果实。目前，单独以大林姬鼠的取食行为和贮食策略为研究对象的研究不多，仅见于实验室和人工围栏条件下活动节律和贮食林木种子的报道，因为受到空间大小和人为干扰的影响，具有一定的局限性。大林姬鼠分散贮食的研究，是利用红外相机监测自然环境下的大林姬鼠取食活动，对录像资料进行分析，构建其取食行为谱并研究其取食活动规律；同时选取红松、毛榛和蒙古栎种子，进行标记追踪实验，了解自然状态中大林姬鼠对林木种子的贮食策略。

第一节　大林姬鼠的分散贮食研究方法

一、研究地点选择

在黑龙江省张广才岭进行研究，研究地点位于长白山系北麓，属中温带大陆性季风气候，无霜期短，一般为 90～115d，年平均气温 4.3℃，最低气温－39℃，最高气温 34.4℃，年降水量 670mm 左右。代表性植被为次生阔叶林和针叶混交林。研究区域中主要的乔木有红松（*Pinus koraiensis*）、落叶松（*Larix gmelinii*）、红皮云杉（*Picea koraiensis*）、臭冷杉（*Abies nephrolepis*）、白桦（*Betula platyphylla*）、蒙古栎（*Quercus mongolica*）、水曲柳（*Fraxinus mandschurica*）、紫椴（*Tilia anurensis*）、辽椴（*Tilia mandshurica*）、黄檗（*Phellodendron amurense*）、胡桃楸（*Juglans mandshurica*）、色木槭（*Acer pictum*）等；主要的灌木植物有毛榛（*Corylus mandshurica*）、金银忍冬（*Lonicera maackii*）、刺五加（*Eleutherococcus senticosus*）、胡枝子（*Lespedeza bicolor*）、溲疏（*Deatzia scabra*）、稠李（*Prunus padus*）、珍珠梅（*Sorbaria Sorbifolia*）、暴马丁香（*Syringa reticulata*）等。研究人员在针阔混交林中选择了 3 块

人为干扰较小的备选样地，使用红外相机对小型啮齿动物进行调查，最后选择大林姬鼠捕获率较高的地点作为研究样地，样地大小为100m×150m（海拔533～552m）。

二、红外相机设置

在调查样地（100m×150m）布设红外感应相机（猎科，LTL‐6310型），样地内设置4条样带，样带间隔20m，每条样带6台相机，每台间隔20m，共设置24台。拍摄模式设置为拍照＋录像模式，相机触发后先进行3次连拍，拍摄照片之后10s，相机自动切换为录像模式，录像时长为15s，间隔30s。校对后自动记录日期、时间、环境温度、月相等信息。将相机固定在距离地面高30cm左右的树干上或其他固定物上，相机前30～80cm地面上投放诱饵（标记的红松、毛榛、蒙古栎种子），调整相机镜头角度，对准投放种子处，相机布置10d后取回，收集照片和录像数据分类存放、分析。

三、种子特征测定

全部实验中包括红松、毛榛、蒙古栎3种不同种子。在研究地区，种子成熟季节时采集新鲜种子，去除果肉、果皮后，在常温下自然阴干后保存，直至使用。所有种子从采集到使用的时间不超过1年。

四、种子的投放与调查

在100m×150m的样地内设置4条样带，样带间隔20m，每条样带设置6个种子投放点，投放点间隔20m，共设置24个种子投放点。每个投放点放置1台红外自动感应相机（猎科，

LTL-6310 型），在相机前 30～80cm 放置标记好的 3 种种子各 20 颗，样地总共释放种子 1 440 颗。种子投放 2d 后，调查种子的状态和搬运的距离，调查范围以种子投放点为圆心、半径 50m 以内。使用手持式激光测距仪（Lomvum，V-60 型，精度±1.5mm）测量种子被搬运的距离。利用红外自动感应相机检测取食的啮齿动物，并结合种子表面齿痕的特点识别取食的啮齿动物种类。通过识别，排除了其他啮齿动物取食的观测点，最终 24 个种子投放点中有 18 个种子投放点的数据（共 1 080 颗种子）可用。

五、种子命运的定义

种子命运定义如下：

原地完好（Intact in situ，IS）：位于投放点的种子未被取食和搬运。

原地取食（Predation in situ，PS）：种子在投放点被取食。

搬运后取食（Predation after Removal，PR）：种子被搬运出投放点后被取食。

搬运后完好（Intact after Removal，IR）：种子被搬运后弃置在地表。

搬运后埋藏（Hoarded after Removal，HR）：种子被搬运后埋藏在土壤中或腐殖质层中。

搬运后丢失（Missing after Removal，MR）：搬运后无法找到种子。

六、数据统计

应用 Excel 工作表和 SPSS 22.0 软件进行数据统计处理与检验分析。数据分析前，用 Kolmogorov-Smirnov 检验和方差齐性检验的方法检验数据正态性和方差齐性。符合正态性和方差齐性的数据用参数方法检验，不符合的用非参数方法检验。根据不同研究内容的需要，分别利用 t 检验（t test）、Pearson 相关性分析、多样本检验（Kruskal - Wallis H 检验）、独立样本检验（Mann-Whitney U 检验）进行数据检验。所有数据统计值用平均值±标准差表示，显著性水平为 $\alpha=0.05$，极显著水平为 $\alpha=0.01$。

第二节　大林姬鼠的分散贮食策略

一、啮齿动物的调查结果与种子特征

研究期间，用铗日法调查小型啮齿动物群落组成（表 8-1），共调查 2 038 铗日，捕获小型啮齿动物 173 只，分属 3 科 4 属 5 种，其中鼠科 2 种（大林姬鼠、黑线姬鼠），仓鼠科 2 种（棕背䶄、东方田鼠），松鼠科 1 种（花鼠）。大林姬鼠占捕获个体总数的 76.30%，是优势种。调查期间还观察到松鼠的活动。

表 8-1　啮齿动物捕获率调查

啮齿动物种类	铗日数/铗日	捕获数/只	捕获率/%	比例/%
大林姬鼠		132	6.48	76.30
黑线姬鼠		24	1.18	13.87
棕背䶄	2 038	7	0.34	4.05
东方田鼠		1	0.05	0.58
花鼠		9	0.44	5.20
总计		173	8.49	—

二、种子特征与处理时间

3 种林木种子特征与营养成分具有较大差异（表 8-2）。在

种子大小、种子质量、种仁质量方面均表现为：蒙古栎＞毛榛＞红松；种仁质量与种子质量的比值为：蒙古栎＞红松＞毛榛；种皮厚度为：毛榛＞红松＞蒙古栎；大林姬鼠取食每颗种子的平均时间分别为：毛榛（1 038.5±513.9）s、红松（512.2±238.7）s、蒙古栎（439.5±145.3）s，毛榛＞红松＞蒙古栎（Kruskal-Wallis H 检验，$P<0.01$），处理蒙古栎种皮的时间很短，一般只需要几十秒。

表 8 - 2　同域分布 3 种种子的种子特征

种子种类	种子大小/mm	种子质量/g	种仁质量/g	种仁质量/种子质量	种皮厚度/mm	处理时间/s
红松	(15.38±1.27)×(10.25±1.20)	0.56±0.12	0.19±0.04	0.36±0.12	1.30±0.59	512.2±238.7 (280～1 040)
毛榛	(15.18±1.66)×(13.70±1.36)	1.09±0.41	0.34±0.11	0.35±0.20	2.01±0.50	1 038.5±513.9 (445～1 860)
蒙古栎	(18.96±2.09)×(15.15±1.89)	2.03±0.66	1.66±0.57	0.89±0.40	0.41±0.14	439.5±145.3 (260～690)
Kruskal-Wallis H 检验	($\chi^2=151.63$, $P<0.01$)×($\chi^2=206.88$, $P<0.01$)	$\chi^2=225.41$ $P<0.01$	$\chi^2=241.04$ $P<0.01$	$\chi^2=148.73$ $P<0.01$	$\chi^2=222.85$ $P<0.01$	$\chi^2=11.59$ $P<0.01$

第三节　大林姬鼠对种子的选择

研究显示，76.66％的种子被选择，其中原地取食的种子占 15.09％，搬运后取食的种子占 20.37％，被搬运贮藏的种子（搬运后完好＋搬运后埋藏＋搬运后丢失）占 41.19％，还有 23.33％的原地完好的种子可能会在将来被利用（图 8 - 1）。

大林姬鼠对红松、毛榛、蒙古栎 3 种林木种子具有不同的取

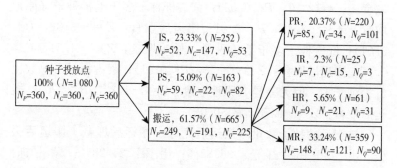

图 8-1　同域分布的 3 种种子被投放后不同命运统计

IS：原地完好　PS：原地取食　PR：搬运后取食　IR：搬运后完好　HR：搬运后埋藏　MR：搬运后丢失　N_P：红松种子的数量　N_C：毛榛种子的数量　N_Q：蒙古栎种子的数量

食和贮藏处理模式：优先选取蒙古栎和红松的种子，较少选取毛榛种子。大量的蒙古栎（85.3％）和红松（85.6％）种子被取食或者搬运，而毛榛（59.2％）较少。蒙古栎被取食和搬运后埋藏的数量最多，红松被搬运的数量最多，毛榛剩余的数量最多。大林姬鼠具有明显的分散贮食行为，形成许多小贮食点分散贮存种子。

　　原地完好的种子共 252 颗，占投放种子总数量的 23.3％，其中毛榛（58.3％）剩余最多，毛榛剩余量显著多于蒙古栎（21.0％，$Z=-3.45$，$P<0.01$）和红松（20.6％，$Z=-3.71$，$P<0.01$）。3 种种子间差异极显著（$\chi^2=17.41$，$P<0.01$）。

　　被取食的种子数量（原地取食＋搬运后取食）为 383 颗（蒙古栎：47.78％；红松：37.60％；毛榛：14.62％），占投放种子总数量的 35.46％，毛榛的被取食量显著小于蒙古栎和红松（$Z=-4.72$，$P<0.01$；$Z=-2.52$，$P<0.05$）。其中，原地取食（163 颗，15.09％）和搬运后取食（220 颗，20.37％）的种子中，蒙古栎种子（50.33％和 45.91％）的数量都最多，毛榛（13.50％和 15.45％）数量都最少。这两种取食情况下，3 种种子之间差异均显著（原地取食：$\chi^2=11.40$，$P<0.05$；搬运后

取食：$\chi^2=12.87$，$P<0.05$）；蒙古栎种子多于毛榛种子（原地取食：$Z=-3.45$，$P<0.01$；搬运后取食：$Z=-3.32$，$P<0.01$）；红松种子多于毛榛种子（原地取食：$Z=-1.51$，$P>0.05$；搬运后取食：$Z=-2.76$，$P<0.01$）；蒙古栎种子总数比红松种子多，但无差异（原地取食：$Z=-1.70$，$P>0.05$；搬运后取食：$Z=-0.78$，$P>0.05$）。

被搬运的种子数量（搬运后完好＋搬运后埋藏＋搬运后丢失）为 445 颗（红松：36.85%；毛榛：35.28%；蒙古栎：27.87%），占投放种子总数量的 41.19%，3 种种子间差异不显著（$\chi^2=3.25$，$P>0.05$）。大多数贮食点都只有 1 颗种子，共有 9 处贮食点贮藏了 2~4 颗种子，贮存 2 颗种子的贮食点有 7 个，其中有 2 处 2 颗种子不同；贮存 3 颗和 4 颗种子的贮食点各 1 处，且种子不同。

在搬运后完好的种子（25 颗）中，毛榛种子（60%）最多，蒙古栎种子（12%）最少，毛榛、蒙古栎、红松种子三者间差异显著（$\chi^2=7.44$，$P<0.05$），毛榛种子显著多于蒙古栎种子（$Z=-2.62$，$P<0.01$），毛榛种子和红松种子差异不显著（$Z=-1.70$，$P>0.05$），红松种子和蒙古栎种子差异不显著（$Z=-0.92$，$P>0.05$）。

搬运后埋藏的种子（61 颗）被埋藏在杂草、枯枝、落叶、灌丛、腐殖质层下 1~2cm 深的位置；其中蒙古栎种子（50.82%）最多，红松种子（14.75%）最少，蒙古栎、红松、毛榛种子三者之间差异显著（$\chi^2=6.21$，$P<0.05$），蒙古栎种子显著多于红松种子（$Z=-2.53$，$P<0.05$），蒙古栎种子和毛榛种子差异不显著（$Z=-1.34$，$P>0.05$），红松种子和毛榛种子差异不显著（$Z=-0.94$，$P>0.05$）。

在搬运后丢失的种子（359 颗）中，红松种子（41.23%）最多，蒙古栎种子（25.07%）最少，红松、蒙古栎、毛榛种子三者之间差异显著（$\chi^2=6.22$，$P<0.05$），其中，红松种子显

著多于蒙古栎种子（$Z=-2.35$，$P<0.05$），红松种子和毛榛种子差异不显著（$Z=-0.91$，$P>0.05$），毛榛种子和蒙古栎种子差异不显著（$Z=-1.71$，$P>0.05$）。

第四节　大林姬鼠对种子的扩散策略

对 3 种种子在搬运后取食、搬运后完好和搬运后埋藏的距离进行比较，均无差异（$\chi^2=2.03$，$P>0.05$；$\chi^2=0.28$，$P>0.05$；$\chi^2=5.02$，$P>0.05$）（表 8-3，图 8-2）。同种种子的不同命运下的搬运距离均差异显著（红松：$\chi^2=8.18$，$P<0.05$；毛榛：$\chi^2=25.82$，$P<0.01$；蒙古栎：$\chi^2=14.11$，$P<0.01$），种子搬运后埋藏的距离均大于搬运后取食的距离（红松：$Z=-2.92$，$P<0.01$；毛榛：$Z=-4.72$，$P<0.01$；蒙古栎：$Z=-3.74$，$P<0.01$），种子搬运后埋藏的距离也大于搬运后完好的距离（毛榛：$Z=-4.14$，$P<0.01$；红松：$Z=-0.95$，$P>0.05$；蒙古栎：$Z=-1.36$，$P>0.05$）。

表 8-3　3 种种子被搬运的距离

种子命运	红松	毛榛	蒙古栎	Kruskal Wallis H 检验
	平均值±标准差（范围）	平均值±标准差（范围）	平均值±标准差（范围）	
搬运后取食（PR）	2.70±1.45 (0.7~8.0)	2.96±1.52 (0.7~6.7)	3.01±2.43 (0.5~12.2)	$\chi^2=2.03$, $P>0.05$
搬运后完好（IR）	3.67±2.97 (1.5~10.2)	2.58±1.32 (0.4~6.0)	3.00±2.68 (1.3~7.0)	$\chi^2=0.28$, $P>0.05$
搬运后埋藏（HR）	4.21±2.46 (1.2~10.6)	6.22±3.19 (2.3~11.8)	4.86±3.15 (1.3~15.5)	$\chi^2=5.02$, $P>0.05$
总计	2.99±1.85 (0.7~10.6)	3.65±2.44 (0.7~11.8)	3.49±2.74 (0.5~15.5)	$\chi^2=4.08$, $P>0.05$

（续）

种子命运	红松	毛榛	蒙古栎	Kruskal Wallis H 检验
	平均值±标准差（范围）	平均值±标准差（范围）	平均值±标准差（范围）	
Kruskal Wallis H 检验	$\chi^2=8.18$, $P<0.05$	$\chi^2=25.82$, $P<0.01$	$\chi^2=14.11$, $P<0.01$	

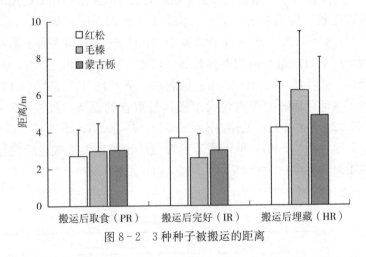

图 8-2　3 种种子被搬运的距离

　　被搬运的种子最远距离达到 15.5m，平均距离一般在 2～4m。大林姬鼠对不同种子的搬运距离无显著差异（$\chi^2=4.08$，$P>0.05$），但倾向于在距种子源较近的地方分散取食，把种子搬运至更远的地方埋藏。种子搬运后埋藏的距离为：毛榛>蒙古栎>红松。从种子被搬运距离的分布情况来看（图 8-3），大林姬鼠搬运后取食的种子主要分布在 1～3m 距离内（红松：58.24%；毛榛：55.17%；蒙古栎：56.99%），其次为 3～6m 距离内（红松：36.26%；毛榛：41.38%；蒙古栎：25.81%），分布在 6～9m 距离的比例较低。搬运后完好的种子也是分布在 1～3m 距离内的最多（红松：66.67%；毛榛：61.11%；蒙古

栎：75.00％）。搬运后埋藏的种子分布在 3～6m 距离内的较多
（红松：50.00％；毛榛：39.13％；蒙古栎：32.35％），搬运后
埋藏的毛榛种子扩散的距离更远，扩散距离大于 9m 的毛榛种子
数量达到 30.43％。

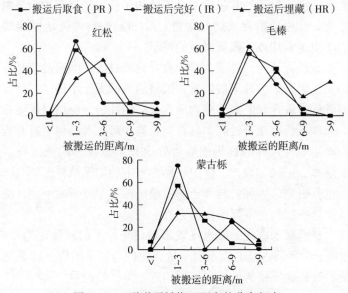

图 8-3　3 种种子被搬运距离的分布频次

第五节　大林姬鼠分散贮食策略分析

一、大林姬鼠对种子的选择偏好

在自然环境中，大林姬鼠对林木种子具有明显的选择性，对
同域分布的不同种子选择策略不同，更偏好取食蒙古栎、红松这
些能够提供更多净收益的种子，而较少选择取食毛榛这样处理成
本较高的种子。这种偏好性的选择对策可能与取食种子的成本和
净收益有关，种仁与种子的质量比、营养成分、种子大小和种皮

厚度等种子特征影响取食种子的成本和收益。

最优觅食理论认为，自然选择使动物在取食过程中尽可能地增大净收益，最有效地取食才能确保其生存和繁殖成功。啮齿动物在觅食过程中必须作出一些行为决策和权衡，一般认为啮齿动物贮食的决策过程通常包括4个连续的步骤：①遇到种子忽略或是采集；②原地取食或运到他处；③如果搬运，决定搬运的距离；④决定食用或贮藏被搬运的种子。

多数研究认为，种子大小和营养物质是决定啮齿动物觅食对策的关键因素，大种子被取食和贮藏的概率大于小种子，啮齿动物通常偏好取食和贮藏营养物质含量高的种子。根据最优觅食理论，大种子营养成分较高，具有高收益，对贮食动物更具有吸引力，动物取食这样的食物能够更好地补偿觅食和贮藏过程（挖掘、隐藏、记忆、检查、保护、操作）中的能量消耗。

也有研究认为种仁与种子的质量比相对于种子大小，在决定种子命运中起到更重要的作用。

大林姬鼠的取食偏好也反映出种仁与种子的质量比的影响。3种种子中，蒙古栎的大小、质量、种仁与种子的质量比都是最大的，红松和毛榛的大小和质量相近，但红松的种仁与种子的质量比更高。3种种子的物质成分差异较大，以往的研究表明，蒙古栎种子中淀粉含量可达50%～70%，蛋白质含量不到10%，脂肪含量低；红松种子脂肪含量超过65%；毛榛种子脂肪含量在50%左右，淀粉20%左右。大林姬鼠优先取食淀粉和脂肪含量更高的蒙古栎和红松，能够获得最大的能量收益。

啮齿动物取食3种种子的时间差异显著，优先取食种皮薄、容易处理的蒙古栎种子，其次是红松种子，而毛榛种子的取食比例最小，这与毛榛种皮较厚、较硬、处理耗费时间最长有关。食物处理时间是影响啮齿动物行为决策的重要因素，处理时间伴随着觅食效率和被捕食风险的权衡，啮齿动物尽量减少处理食物的时间，以减少被捕食风险。本研究中，大林姬鼠取食种子的规律与其他研究一致。大林姬鼠优先取食处理时间最短的蒙古栎，其次是红松种子，处理时间消耗最长的毛榛种子取食的最少，符合处理成本假说。

研究表明，种子特征影响处理时间，种子大小和质量、种皮特征（厚度、硬度）、种子的品质（虫蛀、霉变、空壳）、水分含量、营养物质（淀粉、脂肪和蛋白质）及次生代谢产物（如单宁和其他多酚类）等种子特征都会影响啮齿动物选择食物的每一步的决策。啮齿动物避免就地取食处理难度较大的种子。逻辑上，种子较大、种皮较厚和较硬都会增加处理时间，从种皮特征来看，啮齿动物不会优先食用种皮较厚的种子，因为种皮较厚的种子需要较多的处理时间，从而导致啮齿动物较长时间地暴露在被捕食的风险下，处理食物的时间越长，被捕食风险就越高。3 种种子中，蒙古栎种子大小和质量都最大、种皮最薄，大林姬鼠取食蒙古栎种子消耗的时间最短；毛榛与红松大小相近，虽然毛榛质量略大于红松，但毛榛种皮厚度、硬度更大，处理的时间最长。另外，与其他 2 种种子相比，蒙古栎更容易发霉、发生虫蛀，不易长期保存。

另外，啮齿动物对食物的选择也受自身大小和能力的影响，啮齿动物根据自身的大小，对优先选取的种子大小会设置一个上限阈值。研究中发现，实验区地面有许多胡桃楸种子，大林姬鼠没有取食投食点的胡桃楸。许多小型啮齿动物不取食和贮藏较大的胡桃楸种子，这与其自身大小和处理能力有关，虽然胡桃楸单粒种子收益较大，但种子较大、种皮硬度大，小型啮齿动物的啃咬能力无法从中获得更高的收益。

二、大林姬鼠的贮食模式

研究中大林姬鼠对 3 种种子具有明显的分散贮食行为，用许多短距离、小贮食点的方式将种子分散贮藏在种子源附近。大林姬鼠对 3 种种子都贮藏，食物贮食点一般距离种子源 2～4m，最大的到达 15.5m，通常只贮藏 1 枚种子，少数会出现 2～4 枚种子。贮藏的种子被埋藏在 1～2cm 的深度，上面通常具有少量土壤或凋落物覆盖。这种贮食模式符合最优密度模型或最优贮藏空间模型，有效地减少来自竞争者的偷盗损失，又实现了增加分散贮食点分布距离与减少能量消耗及降低被捕食风险之间的权衡。

其他学者的研究表明，大林姬鼠采用集中和分散贮食两种方式，在不熟悉的环境中首选集中贮食这种策略，熟悉环境后倾向分散贮藏种子，每个贮食点只有 1 枚种子，没有超过 1 枚的。无论选择哪种策略，都涉及成本和收益，集中贮食便于取食大量食物，但如果个体缺乏防御能力，离开后容易受到灾难性的损失，丢失的种子中是否具有集中贮藏的情况，需要进一步研究。啮齿动物采取分散贮食广泛分散食物，可以降低偷盗风险，但会导致增加与食物重取、被捕食风险、空间记忆相关的能量成本。这些种子的扩散主要依赖啮齿动物的搬运，种子的扩散距离可能是重新找回、能量消耗、避免偷盗、被捕食风险等多因素的权衡。

分散贮食是啮齿动物对变化的和不可预测的食物可得性表现出来的一种行为适应对策。大林姬鼠不冬眠，但冬季不活跃，运动很少。贮食行为有利于节省冬季取食时间和能量消耗，更好地适应高纬度地区的季节性环境变化。许多分散贮食的啮齿动物的贮食量远远超过其生存需要，以此来应对竞争者偷盗。贮食点在空间中的分布密度应满足既减少食物被盗的损失，又有利于啮齿动物自身重取成功。另外，在影响啮齿动物取食策略的诸多环境因素中，被捕食风险无疑起着重要作用，因为在啮齿动物的取食过程中危险随时都存在。取食的啮齿动物经常暴露于天敌风险，尤其是分散贮食者，频繁贮藏和找回食物，增加了在洞穴外活动的时间。

大林姬鼠贮藏的种子或置于地面，或被埋藏在 1～2cm 的深度，被埋藏的种子上面通常具有少量土壤或植物凋落物覆盖，增加了隐蔽性。这样的埋藏深度与其他分散贮食的啮齿动物的食物贮藏深度相似，都比较浅，这些隐蔽的贮食点在一定程度上降低了种子被其他竞争者取食和盗取的概率，这种贮藏深度能够增加种子萌发和幼苗成活率。

三、大林姬鼠对种子的扩散距离

食源处的种子密度依赖性死亡率较高，而且被捕食风险也较高，为了尽可能减少损失，啮齿动物倾向于将营养价值高的大种子贮藏在远离食源且贮食点密度较低的地方。种子的扩散距离增加能够降低种子空间分布的密度，从而减少被偷盗的频次，但较长距离的运动会使啮齿动物消耗过多的能量，同时还增加了被天敌捕食的风险。

通常啮齿动物分散贮食的面积较大，可能是其整个巢域的范围。小型啮齿动物扩散种子的距离常不足 40 m，个体较大的松鼠扩散距离可达 100m，这可能也与啮齿动物的巢区大小有关。北方温带森林中大林姬鼠的巢域一般为 1 998m² ± 1 732m²（599～7 798m²）。像其他小型啮齿动物一样，大林姬鼠对种子的扩散距离相对较短，被搬运的种子最远距离达到 15.5 m，平均距离一般在 2～4m，贮食点多分布在其巢区内，种子埋藏距离大于分散取食的距离。因此种子的搬运距离取决于啮齿动物巢区到种源的距离。

第九章
张广才岭森林大林姬鼠的
取食行为节律研究

　　动物的行为与活动规律是动物行为学和生态学研究的重要内容。动物的个体行为是构成一切行为的基本要素，是其行为的最关键组成部分。对行为的定义与描述是进行动物行为学定量研究的前提和基础。根据行为的形式或功能，可将动物的行为构建行为目录或者记录，称为行为谱。行为谱用来描述动物表现出的全部或者主要正常行为，是理解和区分各种动物行为时极其重要的参考工具。系统地对动物行为进行辨别和分类，建立动物行为谱有助于理解动物行为生态功能及其环境适应机理。

　　大林姬鼠隶属于啮齿目鼠科姬鼠属，是古北界小型啮齿动物，是我国北方森林小型哺乳动物的重要组成部分，在我国大部分地区都有分布；国外分布于日本、朝鲜、韩国、蒙古、俄罗斯阿尔泰地区等。大林姬鼠普遍栖息于森林、灌丛、林间空地、草地、林缘地带的农田等多种生境，以夜间活动为主，喜食多种植物种子和果实，影响林区的天然更新，对林木直播育苗有严重的危害性，是主要的林木害鼠之一。

　　大林姬鼠取食行为的节律研究以张广才岭地区生态系统啮齿动物群落中的优势物种大林姬鼠作为研究对象，利用红外相机设备记录自然环境下的大林姬鼠取食活动，采用瞬时扫描取样法、全事件观察法、目标动物取样法对录像资料进行分析，构建其摄食行为谱并研究摄食活动规律，以期为大林姬鼠行为生态学研究提供基础资料，促进啮齿动物行为生态学研究的开展，并为红外相机在野外动物行为学研究中的应用提供新的视角与探索新的研究方法。

第一节　大林姬鼠的取食行为节律研究方法

一、研究样地选择

研究地点位于黑龙江省横道河子镇林区（东经 129°06′—129°15′，北纬 44°44′—44°55′，海拔 460～600m），地处中国东北地区长白山山脉北端、张广才岭主脊东部余脉，山势呈西北—东南走向。气候属温带和寒温带大陆性季风气候，四季分明，雨热同季，极端最高气温 37℃，极端最低气温－44.1℃，年平均气温 2.3～3.7℃。无霜期 100～160d，大部分地区的初霜冻在 9 月下旬出现，终霜冻在 4 月下旬至 5 月上旬结束。降水量 400～800mm，多集中在 6—9 月份。该地区森林以次生森林植被为主，啮齿动物种类和数量丰富，以朝鲜姬鼠、黑线姬鼠、棕背䶄等不同种组合构成的优势种群落为主体。

二、红外相机布设

在调查样地（100m×150m）布设红外感应相机（猎科，LTL‐6310 型），样地内设置 4 条样带，样带间隔 20m，每条样带放 6 台相机，间隔 20m，共设置 24 台。拍摄模式设置为拍照＋录像模式，相机触发后先进行 3 次连拍，拍摄照片之后 10s，相机自动切换为录像模式，录像时长为 15s，间隔 30s。校对后自动记录日期、时间、环境温度、月相等信息。将相机固定在距离地面高 30cm 左右的树干上或其他固定物上，相机前 30～

80cm 地面上投放诱饵（标记的红松、毛榛、蒙古栎种子），调整相机镜头角度，对准投放种子处，相机布置 10d 后取回，收集照片和录像数据分类存放、分析。

三、利用红外相机进行啮齿动物调查与识别

利用红外相机进行啮齿动物调查与识别，统计有效录像记录6 383 条，其中大林姬鼠录像记录 5 618 条，占 88.02%；其他啮齿动物包括：花鼠记录 523 条，占 8.19%；松鼠记录 226 条，占 4.02%；棕背䶄记录 16 条，占 0.25%。大林姬鼠为研究区域的优势种。

花鼠、松鼠为昼行性动物，白天活动，录像中特征明显，容易识别区分；大林姬鼠、棕背䶄为夜行性动物，夜晚活动，因光照强度较弱，夜晚拍摄的录像、照片均为黑白色，主要通过动物典型的形态和运动特征进行识别区分。大林姬鼠特征为：耳大，尾长，体形匀称修长，善于快速跑、跳跃；棕背䶄特征为：体态短粗，尾短，运动速度较慢，跳跃能力不强。

四、动物活动行为观察

根据录像资料反复播放，识别确认目标动物后，观测其全部行为活动，分类记录不同行为模式的特点、出现频次与持续时间，因相机设定模式录像之间存在间隔 30 s，根据前后两个录像记录时间和目标动物活动位点和状态，如果位点与行为活动未变化，则确定两个记录为持续活动，计算持续时长。

五、环境温度、光照强度、日出和日落时间测定

温度通过红外相机测定；光照强度在每个调查期间前期、中

期、后期各选定 1 天测定，仅测定 17：00—20：00 和 3：00—
5：00 之间，每小时测定 1 次；查阅当地气候资料确定日出、日
落时间，取调查期间中值。

第二节　大林姬鼠的行为

一、动物的行为谱

动物行为是在长期的演化过程中，对所生存的环境条件（如
对光、温度、湿度、季节、天气状况等非生物条件和食物条件、
种内社群关系、天敌等种间关系）能够形成综合性适应，动物的
行为适应导致其在时间分配上形成周期性重复作出的行为选择称
为行为节律。动物活动节律是物种进化的一部分，动物的摄食行
为是动物获得营养的诸多活动，包括寻找、获取、加工、摄入、
贮藏食物等过程。动物主要靠取食获得活动能量和合成自身组织
的物质，所以取食行为可以视为是其他行为的基础。在构建动物
摄食行为谱的基础之上，对动物摄食行为活动节律进行研究，能
够充分了解动物在不同时间内的活动强度及变化规律，因其受多
种因素影响且直接与动物的遗传特征、食性代谢、能量收支相
关，可反映出动物个体的营养状态、生理状况、社会地位、生存
压力和与环境之间的关系等重要的生物学信息，从而有效揭示动
物个体和群体的状况，并从中得出生态条件对动物行为的影响以
及它们所采取的行为模式，揭示物种应对周围环境变化的策略，
为生物多样性的保护提供基础资料。

动物行为谱和活动节律的研究较多，涉及的研究对象种类繁
多，包括灵长类，有蹄类、食肉类及鸟类、两栖类、爬行类等。
啮齿动物是哺乳动物中种类最多、数量最大、分布最广的类
群，有关啮齿动物行为谱、活动节律的相关研究较多（包括棕背
䶄、布氏田鼠、大沙鼠、东方田鼠、大林姬鼠、松鼠等），但因为

啮齿动物（尤其是夜行性种类）在自然环境下的行为特点观测难度较大，多数研究都是在实验室或半人工环境下进行的，人为活动干扰较大，很难完全地反映野外环境中啮齿动物的行为特征。

动物觅食行为一般由搜寻、采食、处理（咀嚼和吞咽）食物动作组成，其间伴有各种警觉行为动作，如扫视、静听、嗅闻等。觅食环境的复杂多变、天敌的捕食、种间和种内竞争等各种压力伴随觅食活动的始终，故警戒周围环境亦是动物觅食活动中的重要任务之一。

大林姬鼠的领域行为不明显，通过录像记录观察到 2 只大林姬鼠同时出现在投食点的现象，多数情况下会有明显的警觉行为，随后多数表现为共处取食或者觅食行为，两个个体间距最近距离接近 30cm，也有相互追逐、跳跃跑开的情况。根据录像只能识别物种，无法确定到个体，更无法区分性别。共处的两只大林姬鼠可能具有亲缘关系，共同觅食，共享资源；追逐的个体间可能存在竞争关系，但彼此间的排斥行为不剧烈，说明领域性不强或者保卫资源的能力不强。这样的动物通常会选择分散贮食的方式，大林姬鼠搬运种子离开的方向不固定，能够支持这一点。

动物行为是为适应环境、捕食猎物、躲避天敌、繁衍后代而形成的，通过对动物行为的辨别、分类、编码，可以探讨动物行为的生态功能特征及其环境适应机理，进而为野生动物保护提供理论基础。系统地对动物行为进行辨别和分类，建立行为编码和动物行为谱，有助于分析动物行为的功能、行为之间的内在联系，促进对动物行为生态功能的理解。对大林姬鼠摄食行为谱的研究，为啮齿动物行为的描述与定义进行了补充，为大林姬鼠行为生态学的系统化和标准化研究奠定了基础。

二、大林姬鼠的行为类型

大林姬鼠相关活动行为包括运动行为、摄食行为、警戒行为，运动行为包括爬行、行走、跳跃；摄食行为包括觅食、取食、搬运、贮食、清理；警戒行为包括警觉、逃离、追逐、共处。根据录像记录分析大林姬鼠个体行为特点，将观察到的基本行为模式概括描述如下。

1. 运动行为

运动行为是大林姬鼠通过不同运动方式产生明显的、不同位置的空间位移的一系列行为。

（1）爬行

慢速运动，身体腹部贴地，前肢向前伸展落地，随后两后肢同时前移；匍匐运动，运动速度最慢，完成短距离位移，常在觅食、取食过程中出现。

（2）行走

中速运动，身体腹部离地，四肢交替运动行进，身体伸展；运动速度与移动距离介于爬行和跳跃之间，完成短、中距离位移，常在觅食过程中出现。

（3）跳跃

快速运动，后肢快速蹬离地面，身体向前向上跃起，以抛物线轨迹形式发生位移，腾空高度在 $10\sim30cm$；包括单次跳跃和连续多次跳跃形式，不伴有其他行为，常在搬运过程中出现。

2. 摄食行为

摄食行为是大林姬鼠为获取食物而表现出的觅食、取食、搬运等一系列行为。

（1）觅食

觅食行为指大林姬鼠通过嗅觉、视觉等感官在一定范围内行走、爬行，四处搜寻食物的行为。找到集中食物源前大范围搜寻，在找到食物源后小范围搜寻，常表现出嗅闻、张望、前肢挖掘等搜寻动作，常伴有短距离单次跳跃。

（2）取食

取食行为指大林姬鼠处理、进食食物的行为。取食时原地不走动或者偶有爬行，后肢支撑，腹部贴地，背部隆起，蹲坐或者趴于地面，身体不直立，前肢贴地或者稍微抬起，两前爪抓握食物辅助处理种壳、啃咬、咀嚼食物。

（3）搬运

搬运行为指大林姬鼠将搜寻到但不立即取食或未处理完的食物搬离食物源的运输行为。搬运行为发生在觅食、取食行为后。搬离食物时常以快跑或者跳跃方式快速离开，搬运方向分散不固定，搬运距离一般不超过 20m，搬运后的食物命运包括贮藏、食用、丢弃。

（4）贮食

贮食行为指大林姬鼠将搬运的食物并不立即食用而是贮藏起来的行为，包括集中贮食和分散贮食。通常用口、前肢共同将食物埋藏在土壤、枯枝落叶下。

（5）清理

清理行为指大林姬鼠用口、前肢、后肢抓挠清理或修饰面颊部、颈部、胸部皮毛的行为，通常在取食后或取食中出现。

3. 警戒行为

警戒行为指大林姬鼠对环境中的风险和干扰表现出的一系列应激行为。

（1）警觉

警觉行为指大林姬鼠立即中断正在进行的觅食、取食等行为，以蹲坐方式静止在原地，前肢抬起，身体微立，背部弓起，不断嗅闻、静听、观察周围环境状况。

（2）逃离

逃离行为指大林姬鼠感知危险或受到惊扰后，立即中断正在进行的觅食、取食等行为，以快跑结合跳跃或者连续大距离跳跃的方式迅速离开。

（3）追逐

追逐行为指大林姬鼠在同种或异种啮齿动物出现时，立即中断正在进行的觅食、取食等行为，主动以跳跃运动方式快速运动到对方所处位置惊扰对方，追赶对方离开。

（4）共处

共处行为指大林姬鼠在同种其他个体出现后，未中断正在进行的觅食、取食等行为，未受惊扰，不出现逃离或追逐行为，双方可同时进行各自的觅食或取食行为，两者相距最近距离接近30cm。

三、大林姬鼠的活动行为规律

大林姬鼠活动时间主要在夜晚，最早活动时间记录（100%）都在日落后，最晚活动时间记录（99.96%）都在日出前。因昼夜长短变化，不同月份其活动起止时间略有差异，最早活动时间呈现提前的趋势，最晚活动时间呈现逐渐延后的趋势，夏季活动时间较短，秋季的活动时间逐渐增加。大林姬鼠的行为活动主要是摄食行为中的觅食、取食、搬运行为，运动行为和警戒行为通常伴随觅食、取食、搬运3种摄食行为同时出现。运动行为占57.96%，摄食行为占40.36%，警戒行为占1.68%。大林姬鼠不同月份每夜平均摄食活动频次差异显著，8月为（7.2±2.8）次/夜，9月为（29.7±7.8）次/夜，10月为（15.7±7.5）次/夜。

1. 大林姬鼠的活动时间

随着研究地区季节变化，研究期间8—10月的日落时间逐渐提前，日出时间逐渐后延，气温和光照强度逐月降低。调查期间不同月份的温度（$\chi^2=223.041$，$P<0.001$）和光照强度差异显著（$\chi^2=14.812$，$P<0.001$）（表9-1）。

表 9-1　大林姬鼠的活动时间与部分气候特征

月份	最早活动时间	最晚活动时间	日落时间	日出时间	气温/℃	光照/lx
8	19：08：48	04：02：09	18：40 (18：31~18：47)	4：18 (4：12~4：24)	19.1± 2.2	371.4± 938.9

（续）

月份	最早活动时间	最晚活动时间	日落时间	日出时间	气温/℃	光照/lx
9	17：21：37	05：54：53	17：19 (17：10～17：29)	5：12 (5：06～5：18)	10.0± 1.6	64.6± 138.5
10	17：00：46	05：31：10	16：46 (16：37～16：55)	5：34 (5：28～5：40)	4.3± 1.4	16.3± 38.4

根据大林姬鼠活动录像记录分析，大林姬鼠活动时间主要在夜晚，最早活动时间记录（100%）都在日落后，最晚活动时间记录（99.96%）都在日出前。仅在 9 月采集到 2 条白天活动录像记录，活动时间在日出时间后 30 min 之内。

因昼夜长短变化，在不同月份大林姬鼠的活动起止时间略有差异，最早活动时间呈现提前的趋势，最晚活动时间呈现逐渐延后的趋势，夏季活动时间较短，秋季的活动时间逐渐增加。8 月最早活动时间为 19：08：48，最晚活动时间为 04：02：09，活动时段占全天时长的 37.1% 左右；9 月最早活动时间为 17：21：37，最晚活动时间为 05：54：53，活动时段占全天时长的 52.3%；10 月最早活动时间为 17：00：46，最晚活动时间为 05：31：10，活动时段占全天时长的 52.2%（图 9 - 1）。

2. 大林姬鼠的活动行为频次

基于红外相机记录分析，大林姬鼠的行为活动主要是摄食行为中的觅食、取食、搬运行为，运动行为和警戒行为通常伴随觅食、取食、搬运 3 种摄食行为同时出现。共分析了 1 429 条录像记录，各类行为次数共 4 403 次，其中运动行为达 2 552 次，占 57.96%，摄食行为 1 777 次，占 40.36%，警戒行为 74 次，占 1.68%。运动行为中，爬行行为占 38.24%，行走行为占 30.41%，跳跃行为占 31.35%。摄食活动中，觅食行为占 48.79%，取食行为占 35.85%，搬运行为占 14.01%，清理行

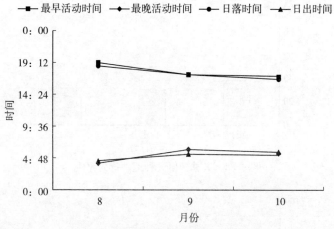

图 9-1　大林姬鼠不同月份的活动时间

为占 1.35%；贮食行为通常包含在搬运行为中，因为相机监测范围限制无法统计。警戒行为中，警觉行为占 35.14%，逃离行为占 40.54%，追逐行为占 4.05%，共处行为占 20.27%（图 9-2、图 9-3、图 9-4、图 9-5）。

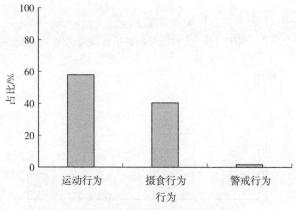

图 9-2　大林姬鼠 3 类行为比例

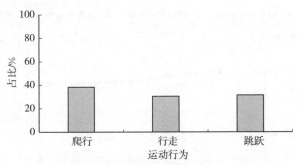

图 9-3　大林姬鼠各种运动行为比例

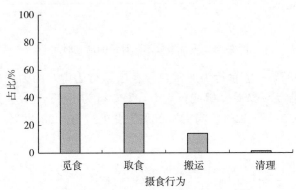

图 9-4　大林姬鼠各种摄食行为比例

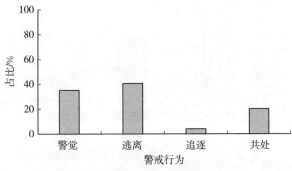

图 9-5　大林姬鼠各种警戒行为比例

3. 大林姬鼠的活动节律

啮齿动物具有典型的昼夜活动节律，有的是昼行性，如花鼠、松鼠；有的是夜行性为主，如美洲飞鼠、棕背䶄、黑线姬鼠；有的是昼夜活动，如小家鼠、青海田鼠、东方田鼠等。实验室条件下的研究表明，大林姬鼠昼夜均活动，夜间活动时间明显多于白天。根据红外相机的拍摄记录，仅在日出后不久有 2 条记录，即 0.04% 的记录显示其在白天活动，这一结果与实验室条件下的研究结果差别较大，说明人为干扰或者实验条件可能会对夜行性动物活动节律产生影响，也可能是白天活动的隐蔽性导致红外相机无法监测到大林姬鼠。

姬鼠属动物多数属于夜行性、晨昏性或者两者兼有的活动模式。研究显示，朝鲜姬鼠的活动时间集中在日落后和日出前，仅 0.04% 的活动记录在日出后，说明它属于夜行性和晨昏性兼有的动物，夜行性为主。这与利用无线电监测方法研究韩国森林中朝鲜姬鼠秋季（10—11 月）和冬季（1—2 月）的活动模式一致。但实验室条件下的研究表明，朝鲜姬鼠在春季（5 月）昼夜均活动，夜间活动时间明显多于白天。说明季节差异可能对动物活动节律产生影响，而且干扰小的红外相机或无线电监测方法比人为干扰大的实验室饲养方法获得的结果更准确。

四、大林姬鼠的摄食行为规律

大林姬鼠不同月份每夜平均摄食活动频次差异显著（$\chi^2 = 82.848$，$P < 0.001$）。研究期间，每夜平均摄食活动频次为（21.6 ± 11.6）次/夜（$4.2 \sim 41.6$ 次/夜，$N = 26$），其中 8 月为（7.2 ± 2.8）次/夜（$4.2 \sim 10.5$ 次/夜，$N = 5$），9 月的摄食活动最频繁，频次为（29.7 ± 7.8）次/夜（$17.9 \sim 41.6$ 次/夜，$N = 14$），10 月为（15.7 ± 7.5）次（$4.5 \sim 25.4$ 次/夜，$N = 7$）。8 月的每夜活动频次显著少于 9 月（$t = -9.220$，$P < 0.001$）和

张广才岭森林啮齿动物分散贮食行为与策略

10 月 ($t=-2.382$，$P<0.05$)，9 月的每夜活动频次多于 10 月 ($t=3.931$，$P<0.01$)（表 9 - 2）。

表 9 - 2 大林姬鼠摄食行为频次与持续时间

月份	活动频次/（次/夜）				活动时长/s	
	活动	觅食	取食	搬运	觅食	取食
8	7.2± 2.8	4.58± 2.87	4.17± 4.83	2.48± 1.86	42.78± 44.95	91.10± 118.02s
9	29.7± 7.8	21.60± 10.02	12.30± 10.55	4.89± 5.90	47.05± 66.80	68.51± 102.98s
10	15.7± 7.5	10.10± 8.36	11.35± 14.09	6.06± 4.83	29.16± 30.36	53.83± 88.72s
平均值	21.6± 11.6	10.84± 9.85	9.23± 11.17	4.37± 4.57	39.05± 51.63	63.58± 98.36s

　　不同摄食行为频次存在差异。大林姬鼠每夜平均觅食、取食、搬运频次为（10.84±9.85）次、（9.23±11.17）次、（4.37±4.57）次，觅食频次显著大于取食和搬运频次（$\chi^2=$ 23.092，$P<0.001$）。其中 8 月的 3 种行为频次分别为（4.58± 2.87）次、（4.17±4.83）次、（2.48±1.86）次，差异不显著 ($\chi^2=8.386$，$P>0.05$)；9 月的 3 种行为频次分别为（21.60± 10.02）次、（12.30±10.55）次、（4.89±5.90）次，差异显著 ($\chi^2=25.614$，$P<0.001$)；10 月的 3 种行为频次分别为 （10.10±8.36）次、（11.35±14.09）次、（6.06±4.83）次，差异不显著 ($\chi^2=2.664$，$P>0.05$)。

　　不同摄食行为时长存在差异。大林姬鼠每次觅食与取食行为平均时长为 39.05s±51.63s 和 63.58s±98.36s，取食时间显著大于觅食时间 ($Z=-6.704$，$P<0.001$)；8 月的觅食与取食行为平均时长为 42.78s±44.95s 和 91.10s±118.02s，差异显著 ($Z=-3.930$，$P<0.001$)；9 月的觅食与取食行为平均时长为

146

47.05s±66.80s 和 68.51s±102.98s，差异显著（$Z=-2.295$，$P<0.05$）；10 月的觅食与取食行为平均时长为 29.16s±30.36s 和 53.83s±88.72s，差异显著（$Z=-5.478$，$P<0.001$）。

不同月份的摄食行为存在差异。各月的觅食和取食行为频次的比较结果为 9 月＞10 月＞8 月，差异显著（觅食：$\chi^2=36.163$，$P<0.001$；取食：$\chi^2=10.262$，$P<0.01$）。搬运行为频次 10 月最大，9 月的次之，8 月的最小（$\chi^2=6.018$，$P<0.05$）。各月觅食行为时长无显著差异（$\chi^2=1.318$，$P>0.05$），取食行为时长差异显著（$\chi^2=7.008$，$P<0.05$），其中 8 月的取食时间显著大于 9、10 月（9 月：$Z=-2.348$，$P<0.05$；10 月：$Z=-2.602$，$P<0.01$）。

五、大林姬鼠摄食活动节律

1. 每夜摄食活动节律

总体上，大林姬鼠每夜摄食活动高峰发生在 18：00～23：00，但不同月份摄食活动节律存在一定差异，8 月的摄食活动节律曲线呈现单峰型，19：00 后开始觅食、取食活动，22：00～23：00 期间活动频率达到高峰，此后呈下降趋势，1：00～3：00 期间活动频率略高；9 月、10 月的摄食活动在 17：00 后开始，活动高峰期较 8 月份出现时间早，集中在 18：00～20：00 之间，此后各时间段内活动频次曲线平稳，4：00 后活动逐渐减少（图 9-6）。

大林姬鼠具有取食小节律，总体上每夜 18：00～20：00、22：00～23：00、1：00～3：00 存在取食小节律。8 月的 2 个小节律分布在 22：00～23：00、1：00～3：00；9 月的小节律有 4 个，分别在 18：00～20：00、21：00～22：00、23：00～1：00、2：00～4：00；10 月的小节律有 4 个，分别在 18：00～20：00、22：00～0：00、1：00～2：00、4：00～5：00。

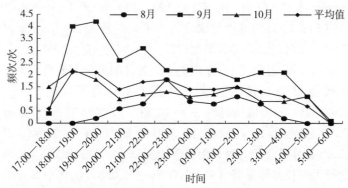

图 9-6　大林姬鼠不同月份每夜活动节律

2. 调查期间摄食活动节律

调查期间，红外相机共布置 10d，大林姬鼠在不同天数的活动频次存在差异。总体来看，大林姬鼠遇到食物源的第 1 天活动频次较高，平均可达（32.7±7.1）次，随后每天的取食频次数值在 10～22 次之间。不同月份的趋势明显不同，8 月呈现递减形式，取食高峰发生在第 1 天，随着时间的推移，取食频次随天数递减；9 月取食频次变化曲线呈现波浪式，调查期间共出现 4个高峰，分别出现在 1、4、7、9d；10 月呈现先递减后波浪式变化，取食频次高峰出现在 1、8、10d（图 9-7）。

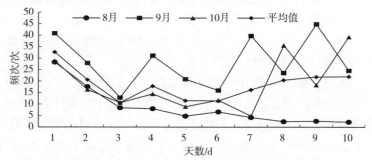

图 9-7　大林姬鼠在不同月份每夜活动节律

第三节　影响大林姬鼠行为的因素

一、环境因素与摄食活动

根据 Pearson 相关性统计，大林姬鼠摄食活动与环境气温相关性不显著，仅 9 月的数据显示出正相关（$R=0.361$，$P<0.001$），8 月和 10 月的摄食活动与气温无相关性（8 月：$R=0.118$，$P>0.05$；$R=-0.036$，$P>0.05$）（图 9-8）。

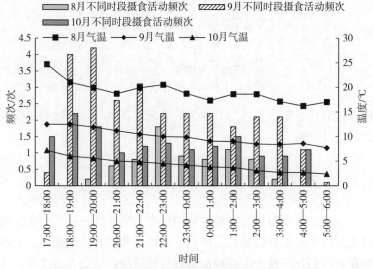

图 9-8　不同月份大林姬鼠摄食活动与温度的关系

摄食活动与光照强度具有相关性（$R=0.355$，$P<0.001$），9 月的相关性最显著（$R=0.472$，$P<0.001$），其次是 8 月（$R=0.294$，$P<0.05$），10 月的相关性不显著（$R=0.167$，$P>0.05$）（图 9-9）。

研究期间发现，在小雨、小雪天气，大林姬鼠仍进行摄食活

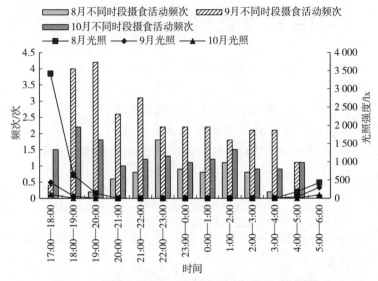

图9-9　不同月份大林姬鼠摄食活动与光照强度的关系

动，但节律、频次是否与其他天气情况存在差异，因数据量少未进行统计比较。

二、活动节律的影响因素

动物的活动节律是一种复杂的生命现象，是每种动物在长期进化过程中对多种因素的高度适应而形成的固有活动规律，是动物在各种条件下最大生存利益的综合性适应。受到自身遗传、性别、年龄、繁殖状况等内源因素，食物、能量、光照、温度、昼夜长短、季节变化、生境质量等环境因素，以及种群结构、种间竞争、天敌风险、人类活动等生物因素的综合影响。活动节律是在各种条件下最大生存利益的综合性适应，受到多种内、外因素的综合影响。其中昼夜长短、光照强度、环境温度等是影响动物活动节律的重要因素。

研究显示，昼夜长短变化对大林姬鼠的活动规律具有显著的影响。大林姬鼠的活动时间与日落、日出时间基本一致，因此活动时间具有显著的季节特点，夏季活动时间短，秋季活动时间长，两个季节最多相差时间可达 4h 以上。但在冬季，由于气温过低等原因，朝鲜姬鼠活动时间和次数都明显比在秋季的少。伴随日落、日出而活动的特点说明光照对大林姬鼠的活动具有重要影响。已有研究证实，外界的光对啮齿动物活动是一个重要的影响因素，例如，严格的夜行性动物美洲飞鼠在光期中不活动。

通过不同月份的研究显示，大林姬鼠摄食活动频次与光照强度相关性较大，表现为光照强度降低时活动频繁，尤其在 8 月、9 月日出后和日落前的时段活动频次最低，而 10 月的记录几乎都在日落后至日出前的时段内，因此检验结果不显著。由此可以推测，不考虑其他因素的干扰，夜行性啮齿动物对光照强度的感知应该有一个阈值或者临界区间，这个值有待进一步去研究确定。

环境温度对啮齿动物的夜间活动具有重要的影响，而在研究期间的环境温度对大林姬鼠的活动没有产生影响；夏、秋季林中的温度低于正常气温，但作为恒温动物的大林姬鼠能够适应。一些研究显示，高温、干旱能够迫使一些啮齿动物改变活动规律，减少白天的活动时间，形成夜行性或晨昏性的活动特点。对于高纬度地区的啮齿动物，冬季的低温会对它们造成压力，使夜行性动物多倾向于昼行性。大林姬鼠不冬眠，但冬季活动不活跃，运动很少，活动水平显著低于秋季，这可能是对低温的适应方式，但缺少详细的报道。通常大林姬鼠在相对温暖的环境（日平均气温超过 0℃）下表现得更活跃。

大林姬鼠的摄食行为对策具有显著的季节差异。8 月的夜活动频次显著少于 9 月和 10 月，一方面，由于日落、日出时间不同，8 月的活动时段比 9、10 月要短；另一方面，9 月的活动更频繁可能是啮齿动物对种子成熟季节的适应，啮齿动物依赖植物获取食物，但是根据自然界植物生长阶段不同，取食的植物种类和部位具有季节差异。例如，自然环境下的棕背䶄，春季多取食苔草等林地中数量较多的干枯草本植物，夏季喜食绿色植物的嫩茎、嫩叶，秋、冬季取食种子和树皮的量增加，这也可以解释 8 月大林姬鼠在种子投放处活动较少，但是 8 月的取食时间比 9 月、10 月长。

三、红外相机的应用与物种识别

在自然环境下的行为特点观测难度较大，啮齿动物尤其是夜行性种类自然行为不易观察，多数研究都是在人工或半人工环境下进行的，人为活动干扰较大，很难完全地、客观地反映野外环境中动物的行为特征。红外相机技术将成为动物行为学研究有效的手段和方法补充。红外相机监测范围广，24 h 连续监测，且无损伤、无干扰，录像与照片数据可反复查阅，利用效率更高，在先前研究基础上，能够更为真实、全面地记录野生动物的行为特征，适合应用于野生动物行为谱的建立与行为编码系统编写。但由于每台相机监控的范围限制，通常记录到的姿势、动作、行为种类少于直接通过观察圈养动物获得的行为种类。

目前，利用红外相机进行动物资源监测和个体识别的应用比较广泛，尤其是对于一些大型珍稀动物研究的报道较多，例如，可以根据斑纹、体型、毛色等"自然标记"对雪豹进行个体识别，并估算其种群密度。但对于夜行性啮齿动物的识别较为困难，因为需要多种啮齿动物间的识别特征差异比较明显，否则对于相近物种识别的准确率会受到影响。温带森林中啮齿动物种类较多，为了提高识别的准确性，实验地点选择在大林姬鼠捕获率较高的生境，而且大林姬鼠与当地常见其他物种区分度较大，易于区别。

第十章
黑线姬鼠和大林姬鼠对
林木种子的选择

　　在中国东北地区温带森林生态系统中，许多林木种子是啮齿动物重要的食物来源。啮齿动物既是植物种子的取食者，也是种子的传播者，对林木更新产生了重要影响。啮齿动物对种子具有一定的选择性，决定哪些种子立即取食、哪些种子用来贮藏、哪些种子被舍弃，这是重要的生存策略。啮齿动物可以区分不同特征的种子，通过鉴别、选择影响不同种子的命运。植物种子的大小、种皮硬度、营养物质组成、种子品质、种子内次生代谢产物等种子自身的因素，会影响啮齿动物对种子的选择与贮藏。

　　为了解啮齿动物对林木种子的选择偏好特点，选用中国东北温带森林农林交错区分布的优势啮齿动物黑线姬鼠为研究对象，选取红松、毛榛、蒙古栎、胡桃楸、山杏5种树木种子进行试验，研究温带森林中同域分布的啮齿动物对多种树木种子选择的差异，以及种子特征对啮齿动物选择食物对策分化的影响，以深入了解小型啮齿动物选择植物种子，及其对特定植物种子命运和植被更新的影响，为防治啮齿动物危害和保护森林生态系统积累资料。

第一节　研究方法

一、研究地点的选择

张广才岭东麓（东经 129°17′—129°35′，北纬 44°41—44°51′）地处黑龙江省东南部、长白山山脉北端，海拔高度380～550m。地形以山区、丘陵地貌为主。属于温带大陆性季风气候，冬季严寒、干燥、昼短夜长。年平均气温 4℃，最高气温达 33.6℃，最低气温为 -30℃，年降水量 537mm，平均积温2 500℃，无霜期 130d 左右。该区域森林主要为次生林森林植被、次生林与农田交错的疏林植被、人工纯针叶林植被。黑线姬鼠是该地区森林中主要的小型啮齿动物，广泛分布在树林、林缘、草甸等多种生境中。

二、动物采集与饲养

按照铗日法方式，采用笼捕法捕捉啮齿动物活体样本，调查农林交错生境中啮齿动物群落物种组成。专用捕鼠笼为铁皮材质，规格为 25cm×10cm×8.5cm，按照动物捕捉器装置制作。捕鼠笼内放置炒熟的白瓜子或者麻花（补充食物、增加香味）、胡萝卜（补充水分）作为诱饵，放置棉花供啮齿动物做巢保暖。在每个样地内按 2～3 条样线布笼，样线间距 20m，每条样线上笼距 5m，次日（24h 后）检查动物捕获情况，分别统计捕获种类与数量，原地连续捕捉 2～3d。将笼捕的活鼠带回实验室饲养，以供后续试验使用。损坏和丢失的捕鼠笼数量未统计在数据内。

调查期间共布笼 1 877 铗日，捕获啮齿动物 154 只，捕获率8.20%。捕获的啮齿动物均是典型的古北界物种，包括 3 科 5 属

6种：鼠科姬鼠属大林姬鼠、黑线姬鼠；仓鼠科棕背䶄属棕背䶄，大仓鼠属大仓鼠，东方田鼠属东方田鼠；松鼠科花鼠属花鼠。调查工具和方法对体型较大和树栖种类的捕获数量有所影响。调查结果中，黑线姬鼠是优势种，占 50.65%；其次是占 22.08% 的大林姬鼠和占 18.83% 的棕背䶄，其他种类占 8.44%（表 10-1）。小型啮齿动物的群落多样性、均匀度、优势度、丰富度指数分别为 1.286、0.718、0.339、0.993。

表 10-1 张广才岭东麓啮齿动物捕获情况统计

种类	布笼数/铗日	捕获数/只	捕获率/%	占比/%
大林姬鼠		34	1.81	22.08
黑线姬鼠		78	4.15	50.65
棕背䶄		29	1.55	18.83
大仓鼠	1 877	7	0.37	4.54
东方田鼠		3	0.16	1.95
花鼠		3	0.16	1.95

三、黑线姬鼠的种子选择试验

将捕捉的成年黑线姬鼠（$N=20$）放置在饲养箱（65cm×35cm×25cm）内饲养，试验中未区分动物性别，饲养箱用铁丝网盖住防止其逃脱，箱内放入饮水瓶和适量垫料。

选择地势相对平坦的地段建造半天然围栏（1m×1m×1m）。在围栏一角置 1 个巢，巢内放置一些棉花供黑线姬鼠取暖。巢旁放置 1 个水槽，供其饮水，并按时补充水槽中的水分。在围栏中心部位，放置 1 个食盘（种子释放点），为供试动物提供食物。

待供试黑线姬鼠熟悉环境与种子 2d 后开始试验。测定种子选择性时，根据预试验中黑线姬鼠取食量，投放胡桃楸种子 1 颗，其余 4 种植物种子均 2 颗。既保证食物充足，避免量少而全部被取食，又保证不会因为种子数量过多而只取食某种喜食种子，而不取食其他种子。黑线姬鼠吃完种仁，将种子运回巢中以及埋藏种子都认为其选择种子成功。每只黑线姬鼠在 2d 内重复试验 3 次后放回饲养室，每次试验间隔 3h 左右，以减少前一次取食对试验的影响，清理围栏后更换供试鼠重新试验。20 只黑线姬鼠均进行试验，合计试验次数 60 次，共投放胡桃楸种子 60 颗，其余 4 种植物种子各 120 颗。

在饲养箱内观测供试鼠取食种子的优先顺序，种子全部被取食，或者 1h 左右动物不取食，更换 1 批种子重复试验。

四、大林姬鼠的种子选择实验

将大林姬鼠从饲养室鼠笼中转移至饲养箱（65cm×35cm×25cm）中，并放入适量垫料，放置饮水瓶，使其熟悉陌生环境并熟悉种子 2d。其间随机选取饱满的 5 种林木种子各 2 颗进行投喂，较大种子投喂 1 颗，如胡桃楸，为使大林姬鼠能尽量吃到所有种类的种子，所以不可投放过多，第 2 天视第 1 天的取食量适度调整投放量。

大林姬鼠熟悉各种种子与环境后开始对其进行实验，清除之前投放的种子，观察其取食次序和取食种子所需时间，并做记录。1 粒种子的种仁几乎完全被吃完或部分食用都认为大林姬鼠选择种子成功，且记录其所耗用的时间；如果大林姬鼠在选择种子时仅用前爪或吻部探究，但未取食，则认为没有选择该种子；如果有啃咬的痕迹，但未取食到果仁，则是没有能力取食或中途放弃，也要记录并说明。将做完实验的大林姬鼠放回饲养室，清洗饲养箱，更换实验鼠，重复实验。

五、选择指数

选择指数表示取食食物中 i 种子比例与该种子在投放种子中比例一致性，公式为：$E_i = R_i / P_i$。其中，E_i 为选择指数，R_i 为取食的 i 种子占该种子投放量的百分数，P_i 为 i 种子投放量占种子投放量总数的百分数。当 $E=1$ 时，表示对种子没有选择性；当 $E>1$ 时，表示喜好或者易得；当 $E<1$ 时，表示厌食或不易得；当 $E=0$ 时，表示不食或者避食。

六、统计与分析

计算啮齿动物群落多样性指标，以香农-维纳（Shannon-Weiner）多样性指数、皮洛（Pielou）均匀度指数、辛普森（Simpson）优势度指数、马加利夫（Margalef）丰富度指数分析啮齿动物群落的多样性特征。

应用 Excel 工作表和 SPSS 22.0 软件进行数据统计处理与检验分析。计算不同物种比率，根据不同研究内容的需要，分别利用 t 检验（t test）、多样本检验（Kruskal-Wallis H 检验）、独立样本检验（Mann-Whitney U 检验）进行数据检验。数据采用平均值±标准差表示。

第二节 黑线姬鼠对林木种子的选择

根据表 10-2 可知，黑线姬鼠取食了 78.33% 的毛榛种子、55.83% 的红松种子、53.33% 的蒙古栎种子、7.5% 的山杏种子，未取食胡桃楸种子。对毛榛、红松、蒙古栎种子的取食量均大于投食量的 50%。毛榛、红松、蒙古栎的取食量分别占总取食量的 40.17%、28.63% 和 27.35%，三者的取食量超过总取食量的 95%。

表 10 - 2　黑线姬鼠取食 5 种植物种子的情况

种类	投食量/颗	取食量/颗	(取食量/总取食量)/%	R_i(取食量/投食量)/%	P_i(投食量/总投食量)/%	选择指数 E_i
红松	120	67a	28.63a	55.83a	22.22	2.51a
毛榛	120	94b	40.17b	78.33b	22.22	3.52b
蒙古栎	120	64a	27.35a	53.33a	22.22	2.40a
胡桃楸	60	0c	0c	0c	11.11	0c
山杏	120	9d	3.85d	7.5d	22.22	0.34d
合计	540	234	—	43.33	—	—

注：同列 a、b、c 表示不同种子间相应指标值差异显著。

　　根据黑线姬鼠（$N=20$）的 60 次试验显示，其对毛榛、红松、蒙古栎种子的选择指数平均值分别为 3.52、2.51、2.40，显著高于山杏（0.34）和胡桃楸（0）。根据数据统计结果，黑线姬鼠对 5 种不同树木种子的选择性差异极显著（$\chi^2=161.165$，$df=4$，$P<0.001$），表现为喜食毛榛、红松、蒙古栎种子，厌食山杏种子，不食胡桃楸种子。喜食的毛榛、红松、蒙古栎种子之间，对毛榛选择性极显著大于红松（$Z=-2.876$，$P<0.01$）和蒙古栎（$Z=-4.043$，$P<0.001$），红松与蒙古栎之间的选择性差异不显著（$Z=-0.481$，$P=0.630$）。

　　黑线姬鼠对喜食种子取食量显著多于其他种子（$P<0.001$）。其中，对毛榛种子的选择性显著大于山杏种子（$Z=-8.926$，$P<0.001$）和胡桃楸种子（$Z=-9.903$，$P<0.001$）；对红松种子的选择性显著大于山杏种子（$Z=-6.414$，$P<0.001$）和胡桃楸种子（$Z=-7.702.000$，$P<0.001$）；对蒙古栎种子的选择性显著大于山杏种子（$Z=-7.227$，$P<0.001$）和胡桃楸种子（$Z=-8.654$，$P<0.001$）。

　　黑线姬鼠对 5 种树木种子的优先选择次序依次为红松、蒙古栎、毛榛、山杏、胡桃楸；在选择的第 1 颗种子中红松种子比例最高，占 50%，其次是蒙古栎（占 35%）和毛榛（占 15%），不取食胡桃楸（图 10-1）。

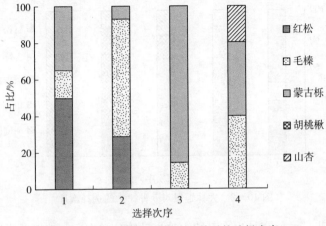

图 10-1　黑线姬鼠取食 5 种种子的选择次序

第三节　大林姬鼠对林木种子的选择

大林姬鼠对 5 种林木种子选择次序如图 10-2 所示。从图中可以看出，选择次序依次为红松、蒙古栎、毛榛、山杏、胡桃楸。当同时投放这 5 种种子时，大林姬鼠表现出明显的选择性，红松和蒙古栎种子是其首选，它们种皮较薄，具有较高的投入产出比；选择性最低是胡桃楸，它的种皮较厚，种仁较少，能量的投入产出比较低，有些大林姬鼠在啃咬后放弃继续取食。大林姬鼠取食 1 颗红松种子花费时间为 512.2s±238.7s，最长时间为 1 040s，最短时间为 280s；取食 1 颗毛榛种子所需时间为 1 038.5s±513.9s，最长时间为 1 860s，最短时间为 445s；取食 1 颗山杏种子所需时间为 1 282.5s±1 056.9s，最长时间为 2 640s，最短时间为 420s。没有观察到大林姬鼠将 1 颗蒙古栎或胡桃楸种子完全啃食完的情况，蒙古栎的种皮薄，大林姬鼠数十秒便可将种皮剥去；胡桃楸体积最大，种皮最厚，根据观察推断，取食胡桃楸花费的时间最长。

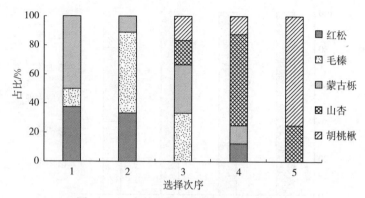

图 10-2　大林姬鼠对 5 种树木的选择次序

　　张广才岭森林生态系统中啮齿动物种类丰富，啮齿动物群落通常以大林姬鼠、黑线姬鼠、棕背䶄按照不同形式组合构成优势种群落的主体，研究中的调查结果也体现出这一特点。不同生境中啮齿动物群落结构和多样性特征具有差异，主要受植被类型、食物资源状况、动物利用方式的影响，并由物种的生态特性所决定，表现出随地理性、植被地带性、生境不同而变化的规律性。已有研究表明，黑线姬鼠在林缘、灌丛、农田草丛分布较多，从次生森林到灌丛、农田草丛，主要优势种呈现从大林姬鼠逐渐演变成黑线姬鼠的趋势。由于森林采伐等人为活动干扰，张广才岭地区植被以次生林和人工林为主，农田交错其中，使植被群落演替处于过渡阶段，部分森林植被不断退化，群落结构和数量不断发生变化。因此，作为农林交错区的绝对优势物种，黑线姬鼠对农林的危害和植被更新的影响不容忽视。

　　不同植物种子特征各不相同，从而影响啮齿动物的选择策略。种子大小、种皮厚度、种仁营养成分、单宁等次生代谢产物对啮齿动物的取食和贮食行为有一定影响，啮齿动物对种子的选择偏好是对种子特征作出的回应。试验中选用的 5 种植物种子是中国东北地区温带森林中常见的林木种子，资源比较丰富，各种种子的形态特征和营养成分差异很大。一般认为，种子较大会具有较高的营养价值，从而取食回报与种子大小成正相关，但这些种子同时具有厚而坚硬的种皮，种皮的特征对啮齿动物的取食行为策略具有调节作用，种皮结构差异可能是影响啮齿动物取食决策的重要因素，坚硬种皮引起处理种子时间延长意味着啮齿动物吃掉种子要比贮藏种子耗费的时间更长，处理种皮的能量消耗降低了种子的回报率，增加了被捕食风险。在自然环境下，啮齿动物对不同种子会选择不同的策略，例如优先取食或者优先贮藏，从而影响种子的萌发和植被的更新。

在可得资源中进行选择性取食是动物界中普遍的现象。作为植物种子的取食者和传播者，黑线姬鼠对多种林木种子具有明显的选择性。啮齿动物为了提高单位投入时间的取食净收益，可能优先就地取食种皮薄而脆的种子，而搬运和贮藏种皮坚硬的种子，以便获得较大的能量收益。由于种子营养成分丰富、大小适当、容易处理等综合因素的影响，毛榛、红松、蒙古栎成为黑线姬鼠的主要偏好食物。从种子选择次序看，黑线姬鼠优先选择了红松、蒙古栎种子，可能与种子的脂类、碳水化合物含量较高、种皮容易处理有关。黑线姬鼠对毛榛的更多偏好，可能是由于资源分布导致的生态位分化，因为毛榛是其生境中分布最多的食物资源。胡桃楸种子过大且种皮厚而坚硬，黑线姬鼠属小型啮齿动物，无法有效地处理胡桃楸种子。而山杏种子中单宁类次生产物可能对啮齿动物取食具有一定影响，有待深入研究。研究中发现，黑线姬鼠对喜食种子的选择存在个体差异，可能是受不同个体年龄、性别等因素的影响，在食物选择偏好方面存在一定差异。另外重复试验中，不同个体在对喜食种子的选择指数、取食量、优先取食顺序存在一定差异，同一个体的在重复实验过程中对喜食种子的选择过程也不完全一致，但对厌食和不食种子的选择比较一致，说明黑线姬鼠对种子特征具有明显的鉴别能力，且对于喜食种子的选择存在一定的随机性。

大林姬鼠取食多种林木种子，它不仅是种子的取食者，也是种子的传播者，从而对林木的更新产生重要的影响。研究大林姬鼠对红松、毛榛、山杏、蒙古栎、胡桃楸 5 种种子的选择性，方便了解其对这些植物的潜在影响，也为研究种子的扩散提供参考。从结果中可以看出，大林姬鼠对这几种林木种子具有一定的选择性，依靠啮齿动物传播的种子多数体积比较大或是具有坚硬的种皮，取食它们需要付出较多的能量，对能量的投入产出比是一个重要的影响因素。种子的大小、种皮的厚度及营养成分决定了啮齿动物取食种子的难易程度和获取回报的多少。胡桃楸虽然体积大，但相对于体积来说种仁却并不大，并且种皮坚硬且厚，以大林姬鼠的取食能力来说，不是它们优先选择的食物；红松种子体积虽然小，但是取食容易，且种仁营养丰富，油脂含量高，能够提供较多能量，在 5 种种子中选择性最强。肖治术等研究小泡巨鼠对林木种子的选择性时发现，种子的硬度与大小决定了它们取食种子所耗用的时间，小泡巨鼠优先取食了体积最小但是营养价值最高的栲树种子，这与本研究的结果相似①。

---

① 肖治术，张知彬，王玉山. 小泡巨鼠对森林种子选择和贮藏的观察［J］. 兽类学报，2003（3）：208－213.

参 考 文 献

常罡，王开锋，王智，2012. 秦岭森林鼠类对华山松种子捕食及其扩散的影响［J］. 生态学报，32（10）：3177 - 3181.

常罡，肖治术，张知彬，等，2008. 种子大小对小泡巨鼠贮藏行为的影响［J］. 兽类学报，28（1）：37 - 41.

陈晓宁，张博，陈雅娟，等，2016. 秦岭南北坡森林鼠类对板栗和锐齿栎种子扩散的影响［J］. 生态学报，36（5）：1303 - 1311.

高红梅，梅索南措，戎可，等，2017. 红松结实量与松果可利用量对松鼠和花鼠贮食行为的影响［J］. 兽类学报，37（2）：124 - 130.

郭海燕，曾宗永，吴鹏飞，等，2003. 川西平原农田啮齿动物群落动态：趋势和周期性［J］. 兽类学报（2）：133 - 138.

韩宗先，魏辅文，李明，等，2005. 圈养小熊猫的昼夜活动节律［J］. 兽类学报，25（1）：97 - 101.

胡忠军，郭聪，王勇，等，2002. 东方田鼠昼夜活动节律观察［J］. 动物学杂志（1）：18 - 22.

蒋志刚，1996a. 动物贮食行为及其生态意义［J］. 动物学杂志（3）：47 - 49.

蒋志刚，1996b. 贮食过程中的优化问题［J］. 动物学杂志（4）：54 - 58.

蒋志刚，1996c. 动物保护食物贮藏的行为策略［J］. 动物学杂志（5）：52 - 55.

蒋志刚，1996d. 动物怎样找回贮藏的食物？［J］. 动物学杂志（6）：47 - 50.

蒋志刚，2000. 麋鹿行为谱及 PAE 编码系统［J］. 兽类学报（1）：1 - 12.

焦广强，2011. 大小、形状及单宁含量对人工种子扩散和命运的影响［D/OL］. 洛阳：河南科技大学［2023 - 07 - 01］. https：//kns. cnki. net/kcms2/article/abstract？v = 3uoqIhG8C475KOm _ zrgu4lQARvep2SAk-WGEmc0QetxDh64Dt3veMp4KZiucFiGmP - XPRNRijv - NoFg0oZplMS-3XgJSrIsIOJ&uniplatform＝NZKPT.

金建丽，张春美，杨春文，2003. 棕背䶄夜活动节律的研究 [J]. 应用生态学报，14 (6)：1019-1022.

金志民，田新民，王兴波，等，2018. 柴河林区小型啮齿动物群落格局变化 [J]. 动物学杂志，53 (5)：682-692.

金志民，杨春文，刘铸，等，2012. 黑龙江省东南部林区啮齿动物群落结构及数量季节变动研究 [J]. 西北林学院学报，27 (3)：127-130，268.

金志民，杨春文，邹红菲，等，2009. 黑龙江牡丹峰自然保护区鸟类多样性分析 [J]. 四川动物，28 (2)：292-294.

金志民，张春美，杨春文，等，2012. 环形捕鼠器捕获森林害鼠的防治试验 [J]. 中国森林病虫，31 (3)：44-45.

康海斌，王得祥，常明捷，等，2017. 啮齿动物对不同林木种子的搬运和取食微生境选择机制 [J]. 生态学报，37 (22)：7604-7613.

孔令雪，张虹，任娟，等，2011. 繁殖期不同时段赤腹松鼠巢域的变化 [J]. 兽类学报，31 (3)：251-256.

李殿伟，刘鹏，赵文阁，等，2011. 模拟生境中胎生蜥蜴的交配行为及其与环境因子的关系 [J]. 动物学杂志，46 (5)：41-47.

李宏俊，张知彬，2000. 动物与植物种子更新的关系 I. 对象、方法与意义 [J]. 生物多样性，8 (4)：405-412.

李俊生，马建章，宋延龄，2003. 松鼠秋冬季节日活动节律的初步研究 [J]. 动物学杂志，38 (1)：33-37.

刘清君，胡锦矗，吴攀文，2008. 南充高坪区嘉陵江畔鼠型小兽多样性调查 [J]. 西华师范大学学报（自然科学版），29 (4)：413-416.

鲁长虎，吴建平，1997. 鸟类的贮食行为及研究 [J]. 动物学杂志 (5)：48-51.

路纪琪，张知彬，2004. 捕食风险及其对动物觅食行为的影响 [J]. 生态学杂志 (2)：66-72.

路纪琪，张知彬，2005. 岩松鼠的食物贮藏行为 [J]. 动物学报，51 (3)：367-382.

马建章，宗诚，吴庆明，等，2006. 凉水自然保护区松鼠贮食生境选择 [J]. 生态学报，26 (11)：3542-3548.

马鸣，徐峰，CHUNDAWAT R S，等，2006. 利用自动照相术获得天山雪豹拍摄率与个体数量 [J]．动物学报（4）：788-793．

马逸清，1986．黑龙江省兽类志 [M]．哈尔滨：黑龙江科学技术出版社．

齐磊，胡德夫，丁长青，等，2012．北京松山国家级自然保护区鼠类群落多样性与结构变动分析 [J]．林业科学，48（9）：181-185．

乔洪海，刘伟，杨维康，等，2011．大沙鼠行为生态学研究现状 [J]．生态学杂志，30（3）：603-610．

尚玉昌，2005．动物行为学 [M]．北京：北京大学出版社．

宋鹏飞，曹晓莉，祁明大，等，2010．洪雅县人工林赤腹松鼠活动范围及栖息地利用 [J]．动物学杂志，45（4）：52-58．

粟海军，马建章，邹红菲，等，2006．凉水保护区松鼠冬季重取食物的贮藏点与越冬生存策略 [J]．兽类学报，26（3）：262-266．

孙儒泳，2001．动物生态学原理 [M]．3版．北京师范大学出版社．

唐显江，陶双伦，马静，等，2017．视野受阻对东方田鼠觅食行为的影响 [J]．生态学报，37（3）：1035-1042．

田军东，王振龙，路纪琪，等，2011．基于 PAE 编码系统的太行山猕猴行为谱 [J]．兽类学报，31（2）：125-140．

田丽，周材权，吴孔菊，等，2009．圈养金钱豹行为谱 [J]．四川动物，28（1）：107-110．

田新民，杨春文，李智昊，等，2018．不同诱饵对棕背䶄捕获率的影响 [J]．中国森林病虫，37（1）：44-46．

宛新荣，刘伟，王广和，等，2006．典型草原区布氏田鼠的活动节律及其季节变化 [J]．兽类学报（3）：226-234．

王朝斌，黄燕，董鑫，等，2017．彩鹬繁殖期行为谱及 PAE 编码系统 [J]．四川动物，36（4）：412-419．

王悦山，王丽丽，范春楠，等，2012．张广才岭森林植物区系研究 [J]．北华大学学报（自然科学版），13（5）：573-577．

武晓东，付和平．人为干扰下荒漠啮齿动物群落格局——变动趋势与敏感性反应 [J]．生态学报，2006（3）：849-861．

肖治术，王玉山，张知彬，等，2002．都江堰地区小型哺乳动物群落与生境类型关系的初步研究 [J]．生物多样性，10（2）：163-169．

肖治术，张知彬，2004．啮齿动物的贮藏行为与植物种子的扩散 [J]．兽类学报，24（1）：61-70．

肖治术，张知彬，王玉山，2003. 小泡巨鼠对森林种子选择和贮藏的观察 [J]. 兽类学报（3）：208-213.

闫兴富，周立彪，刘建利，2012. 啮齿动物捕食压力下生境类型和覆盖处理对辽东栎种子命运的影响 [J]. 生态学报，32（9）：2778-2787.

杨春文，2008. 东北主要林区森林五种啮齿动物共存机制研究 [D/OL]. 哈尔滨：东北林业大学 [2023-07-05]. https://kns.cnki.net/kcms2/article/abstract? v=3uoqIhG8C447WN1SO36whBaOoOkzJ23ELn_-3AAgJ5enmUaXDTPHrETfg67qAHIVy0643lvjmcicE2b4ESLC1xVZjjvRIJc-&uniplatform=NZKPT.

杨锡福，谢文华，陶双伦，等，2014. 笼捕法和陷阱法对森林小型兽类多样性监测效率比较 [J]. 兽类学报，34（2）：193-199.

俞宝根，叶容晖，郑荣泉，等，2008. 人工环境下棘胸蛙（*Paa spinosa*）繁殖期的行为谱及活动节律 [J]. 生态学报，28（12）：6371-6378.

于飞，牛可坤，焦广强，等，2011. 小型啮齿动物对小兴安岭5种林木种子扩散的影响 [J]. 东北林业大学学报，39（1）：11-13.

张明海，李言阔，2005. 动物生境选择研究中的时空尺度 [J]. 兽类学报（4）：85-91.

章书声，鲍毅新，王艳妮，等，2012. 不同相机布放模式在古田山兽类资源监测中的比较 [J]. 生态学杂志，31（8）：2016-2022.

章书声，鲍毅新，王艳妮，等，2013. 红外相机技术在鼠类密度估算中的应用 [J]. 生态学报，33（10）：3241-3247.

赵文阁，2008. 黑龙江省两栖爬行动物志 [M]. 北京：科学出版社.

赵序茅，马鸣，张同，2013. 白眼潜鸭秋季行为时间分配及活动节律 [J]. 动物学杂志，48（6）：942-946.

周立彪，闫兴富，王建礼，等，2013. 啮齿动物对不同大小和种皮特征种子的取食和搬运 [J]. 应用生态学报，24（8）：2325-2332.

BALGOOYEN T G, 1971. Pellet Regurgitation by Captive Sparrow Hawks (*Falco sparverius*) [J]. The Condor, 73（3）：382-385.

BRIGGS J S, WALL S B V, 2004. Substrate type affects caching and pilferage of pine seeds by chipmunks [J]. Behavioral Ecology, 15（4）：666-672.

CAMERON G N, ESHELMAN B D, 1996. Growth and Reproduction of

Hispid Cotton Rats (*Sigmodon hispidus*) in Response to Naturally Occurring Levels of Dietary Protein [J] . Journal of Mammalogy, 77 (1): 220 – 231.

CAMERON G N, SCHEEL D, 2001. Getting Warmer: Effect of Global Climate Change on Distribution of Rodents in Texas [J] . Journal of Mammalogy, 82 (3): 652 – 680.

CAO L, GUO C, CHEN J, 2016. Fluctuation in seed abundance has contrasting effects on the fate of seeds from two rapidly geminating tree species in an Asian tropical forest [J] . Integr Zool, 12: 2 – 11.

CAO L, XIAO Z, WANG Z, et al. , 2011. High regeneration capacity helps tropical seeds to counter rodent predation [J] . Oecologia, 166 (4): 997 – 1007.

CHANG G, XIAO Z, ZHANG Z, 2008. Effect of seed size on hoarding behavior of Edward's long – tailed rats (*Leopoldamys edwardsi*) [J] . Acta Theriologica Sinica, 28 (1): 37 – 41.

CHANG G, XIAO Z, ZHANG Z, 2010. Effects of burrow condition and seed handling time on hoarding strategies of Edward's long – tailed rat (*Leopoldamys edwardsi*) [J] . Behavioural Processes, 85 (2): 163 – 166.

CHANG G, ZHANG Z, 2011. Differences in hoarding behaviors among six sympatric rodent species on seeds of oil tea (*Camellia oleifera*) in Southwest China [J] . Acta Oecologica, 37 (3): 160 – 169.

CHANG G, ZHANG Z, 2014. Functional traits determine formation of mutualism and predation interactions in seed – rodent dispersal system of a subtropical forest [J] . Acta Oecologica, 55: 43 – 50.

CHARNOV E L, 1976. Optimal foraging, the marginal value theorem [J] . Theoretical Population Biology, 9 (2): 129 – 136.

CHEN Q, TOMLINSON K W, LIN C, WANG B, 2017. Effects of fragmentation on the seed predation and dispersal by rodents differ among species with different seed size [J] . Integr Zool, 12: 468 – 476.

CHESSON P, 2000. Mechanisms of Maintenance of Species Diversity [J] . Annual Review of Ecology, and Systematics, 31: 343 – 366.

CLARK D A, CLARK D B, 1984. Spacing Dynamics of a Tropical Rain Forest Tree: Evaluation of the Janzen – Connell Model [J]. The American Naturalist, 124 (6): 769 – 788.

CLAYTON N S, YU K S, DICKINSON A, 2001. Scrub jays (*Aphelocoma coerulescens*) form integrated memories of the multiple features of caching episodes [J]. Journal of Experimental Psychology Animal Behacior Processes, 27 (1): 17 – 29.

DALLY J M, CLAYTON N S, EMERY N J, 2006. The behaviour and evolution of cache protection and pilferage [J]. Animal Behaviour, 72 (1): 13 – 23.

Harper J L, Lovell P H, Moore K G, 1970. The Shapes and Sizes of Seeds [J]. Annual Reciew of Ecology, Evolution, and Systematics, 1: 327 – 356.

HIRSCH B T, KAYS R, PEIEIRA V E, et al., 2012. Directed seed dispersal towards areas with low conspecific tree density by a scatter – hoarding rodent [J]. Ecology Letters, 15 (12): 1423 – 1429.

HUGHES R N, CROY M I, 1993. An Experimental Analysis of Frequency – Dependent Predation (Switching) in the 15 – Spined Stickleback, Spinachia spinachia [J]. Journal of Animal Ecology, 62 (2): 341 – 352.

JACOBS L F, 1992. The effect of handling time on the decision to cache by grey squirrels [J]. Animal Behaviour, 43 (3): 522 – 524.

JANSEN P A, BONGERS F, PRINS H H T, 2006. Tropical Rodents Change Rapidly Germinating Seeds into Long – Term Food Supplies [J]. Oikos, 113 (3): 449 – 458.

JANSEN P A, HIRSCH B T, EMSENS W J, et al., 2012. Thieving rodents as substitute dispersers of megafaunal seeds [J]. Proceedings of the National Academy of Sciences of the United States of America, 109 (31): 12610 – 12615.

JENKINS H, 2011. Sex differences in repeatability of food – hoarding behaviour of kangaroo rats [J]. Animal Behaviour, 81 (6): 1155 – 1162.

JONSSON P, KOSKELA E, MAPPES T, 2000. Does risk of predation by mammalian predators affect the spacingbehaviour of rodents? Two large –

scale experiments [J] . Oecologia, 122 (4): 487 - 492.

JORDANO P, SCHUPP E W, 2000. Seed Disperser Effectiveness: The Quantity Component and Patterns of Seed Rain for *Prunus mahaleb* [J] . Ecological Monographs, 70 (4): 591 - 615.

KARTZINEL T R, CHEN P A, COVERDALE T C, et al. , 2015. DNA metabarcoding illuminates dietary niche partitioning by African large herbivores [J] . Proceedings of the National Academy of Sciences, 112 (26): 8019 - 8024.

LAI X, GUO C, XIAO Z, 2014. Trait - mediated seed predation, dispersal and survival among frugivore - dispersed plants in a fragmented subtropical forest, Southwest China [J] . Integrative Zoology, 9 (3): 246 - 254.

LI D W, HAO J W, YAO X, et al. , 2020. Observations of the foraging behavior and activity patterns of the Korean wood mouse, *Apodemus peninsulae*, in China, using infra - red cameras [J] . ZooKeys, 992: 139 - 155.

LI D W, JIN Z M, YANY C Y, et al. , 2018. Scatter - hoarding the seeds of sympatric forest trees by *Apodemus peninsulae* in a temperate forest in northeast China [J] . Polish Journal of Ecology, 66 (4): 382 - 394.

LI D W, LIU J H, ZHANG C Z, et al. , 2023. Effects of habitat differences on the scatter - hoarding behaviour of rodents (Mammalia, Rodentia) in temperate forests [J] . ZooKeys, 1141: 169 - 183.

LI D W, LIU Y, SHAN H J, et al. , 2021. Effects of season and food on the scatter - hoarding behavior of rodents in temperate forests of Northeast China [J] . ZooKeys, 1025: 73 - 89.

LI D W, ZHANG C Z, CAO Y W, et al. , 2023. Food preference strategy of four sympatric rodents in a temperate forest in northeast China [J] . ZooKeys, 1158: 163 - 177.

LI H J, ZHANG Z B, 2003. Effect of rodents on acorn dispersal and survival of the Liaodong oak (*Quercus liaotungensis* Koidz.) [J] . Forest Ecology and Management, 176 (1 - 3): 387 - 396.

LICHTI N I, STEELE M A, SWIHART R K, 2015. Seed fate and decision - making processes in scatter - hoarding rodents [J] . Biological Reviews, 92 (1): 474 - 504.

LIMA D O D, AZAMBUJA B O, CAMILOTTI V L, et al. , 2010. Small mammal community structure and microhabitat use in the austral boundary of the Atlantic Forest, Brazil [J] . Zoologia, 27 (1): 99 – 105.

LIMA S L, 1998. Stress and decision making under the risk of predation: Recent developments from behavioral, reproductive, and ecological perspectives [J] . Advances in the Study of Behavior, 27 (8): 215 – 290.

LU J, ZHANG Z, 2005. Food hoarding behaviour of large field mouse *Apodemus peninsulae* [J] . Acta Theriologica, 50 (1): 51 – 58.

LU J Q, ZHANG Z, 2008. Differentiation in seed hoarding among three sympatric rodent species in a warm temperate forest [J] . Integrative zoology, 3 (2): 134 – 142.

LU J Q, ZHANG Z B, 2004. Effects of habitat and season on removal and hoarding of seeds of wild apricot (*Prunus armeniaca*) by small rodents [J]. Acta Oecologica, 26 (3): 247 – 254.

LUNA C A, LOAYZA A P, SQUEO F A, et al. , 2016. Fruit Size Determines the Role of Three Scatter – Hoarding Rodents as Dispersers or Seed Predators of a Fleshy – Fruited Atacama Desert Shrub [J] . PLOS ONE, 11 (11): e0166824.

MCADOO J K, EVANS C C, ROUNDY B A, et al. , 1983. Influence of heteromyid rodents on Oryzopis hymenoides germination [J] . Journal of Range Management, 36: 61 – 64.

MCEUEN A B, STEELE M A, 2005. Atypical Acorns Appear to Allow Seed Escape After Apical Notching by Squirrels [J] . American Midland Naturalist, 154 (2): 450 – 458.

MOLES A T, WARTON D I, WESTOBY M, 2003. Do Small – Seeded Species Have Higher Survival through Seed Predation than Large – Seeded Species? [J] . Ecology, 84 (12): 3148 – 3161.

MOORE J E, MCEUEN A B, SWIHART R K, et al. , 2007. Determinants of seed removal distance by scatter – hoarding rodents in deciduous forests [J] . Ecology, 88 (10): 2529 – 2540.

MORAN – LOPEZ T, WIEGAND T, MORALES J M, et al. , 2016. Predicting forest management effects on oak – rodent mutualisms [J] . Oikos,

125 (10): 1445 - 1457.

MOSS R, 1991. Diet selection - an ecological perspective [J] . Proceedings of the Nutrition Society, 50 (1): 71 - 75.

MURRAY A L, BARBER A M, JENKINS S H, et al. , 2006. Competitive environment affects food - hoarding behavior of Merriam's kangaroo rats (*Dipodomys merriami*) [J] . Journal of Mammalogy, 87: 571 - 578.

PARK S J, RHIM S J, LEE E J, et al. , 2007. Home range, activity patterns, arboreality, and day refuges of the Korean wood mouse *Apodemus peninsulae* (Thomas, 1907) in a temperate forest in Korea [J] . Mammal Study, 39: 209 - 217.

PEREZ - RAMOS I M, URBIETA I R, MARANON T, et al. , 2010. Seed removal in two coexisting oak species: ecological consequences of seed size, plant cover and seed - drop timing [J] . Oikos, 117 (9): 1386 - 1396.

PONS J, PAUSAS J G, 2007. Rodent acorn selection in a Mediterranean oak landscape [J] . Ecological Research, 22 (4): 535 - 541.

PRESTON S D, JACOBS L F, 2001. Conspecific pilferage but not presence affects Merriam's kangaroo rat cache strategy [J] . Behavioral Ecology, 12 (5): 517 - 523.

PRESTON S D, JACOBS L F, 2009. Mechanisms of Cache Decision Making in Fox Squirrels (*Sciurus niger*) [J] . Journal of Mammalogy, 90 (4): 787 - 795.

RAMON P, MIGUEL A S, GIL L, 2011. Acorn dispersal by rodents: The importance of re - dispersal and distance to shelter [J] . Basic and Applied Ecology, 12 (5): 432 - 439.

RANDALL J A, KING D K B, 2001. Assessment and defence of solitary kangaroo rats under risk of predation by snakes [J] . Animal Behaviour, 61 (3): 579 - 587.

ROGERS P J, BLUNDELL J E, 1991. Mechanisms of Diet Selection: the Translation of Needs into Behaviour [J] . Proceedings of the Nutrition Society, 50 (1): 65 - 70.

RONG K, YANG H, MA J, et al. , 2013. Food availability and animal space use both determine cache density of Eurasian red squirrels [J] . PLOS

ONE, 8 (11): e80632.

SHAW W T, 1934. The Ability of the Giant Kangaroo Rat as a Harvester and Storer of Seeds [J] . Journal of Mammalogy, 15 (4): 275 - 286.

SHIMADA T, 2001. Hoarding behaviors of two wood mouse species: Different preference for acorns of two Fagaceae species [J] . Ecological Research, 16 (1): 127 - 133.

SMITH C C, REICHMAN O J, 1984. The Evolution of Food Caching by Birds and Mammals [J] . Annual Review of Ecology & Systematics, 15 (1): 329 - 351.

SOININEN E M, RAVOLAINEN V T, BRATHEN K A, et al. , 2013. Arctic small rodents have diverse diets and flexible food selection [J] . PlOS ONE, 8 (6): e68128.

STAPANIAN M A, SMITH C C, 1978. A model for seed scatter - hoarding: Coevolution of fox squirrels and black walnuts [J] . Ecology, 59: 884 - 898.

STEELE M A, 2008. Evolutionary interactions between tree squirrels and trees: a review and synthesis [J] . Current Science, 95 (7): 871 - 876.

STEELE M A, KNOWLES T, BRIDLE K, et al, 1993. Tannins and Partial Consumption of Acorns: Implications for Dispersal of Oaks by Seed Predators [J] . American Midland Naturalist, 130 (2): 229 - 238.

TAMURA N, HAYASHI F, 2008. Geographic variation in walnut seed size correlates with hoarding behaviour of two rodent species [J] . Ecological Research, 23 (3): 607 - 614.

THOMPSON D C, THOMPSON P S, 1980. Food habits and caching behavior of urban grey squirrels [J] . Canadian Journal of Zoology, 58 (5): 701 - 710.

TOURRETTE J E L, YOUNG J A, EVANS R A, 1971. Seed Dispersal in Relation to Rodent Activities in Seral Big Sagebrush Communities [J] . Journal of Range Management, 24 (2): 118 - 120.

WALL V S B, 1990. Food hoarding in animals [M] . Chicago: University of Chicago Press.

WALL V S B, 1993. A model of caching depth: implications for scatter hoarders and plant dispersal [J] . American Naturalist, 141 （2）: 217 - 232.

WALL V S B, 1995a. Sequential patterns of scatter hoarding by yellow pine chipmunks (*Tamias amoenus*) [J] . American Midland Naturalist, 33: 312 - 321.

WALL V S B, 1995b. The effects of seed value on the caching behavior of yellow pine chipmunks [J] . Oikos, 74: 533 - 537.

WALL V S B, 2001. The evolutionary ecology of nut dispersal [J] . The Botanical Review, 67 (1): 74 - 117.

WALL V S B, 2003. Effects of seed size of wind - dispersed pines (*Pinus*) on secondary seed dispersal and the caching behavior of rodents [J] . Oikos, 100: 25 - 34.

WALL V S B, 2010. How plants manipulate the scatter - hoarding behavior of seed - dispersing animals [J] . Philosophical Transactions of The Royal Society B Biological Sciences, 365 (1542): 989 - 997.

WALL V S B, BECK M J, 2012. A Comparison of Frugivory and Scatter - Hoarding Seed - Dispersal Syndromes [J] . Botanical Review, 78 (1): 10 - 31.

WALL V S B, JENKINS S H, 2003. Reciprocal pilferage and the evolution of food - hoarding behavior [J] . Behavioral Ecology, 14 (5): 656 - 667.

WANG B, CHEN J, 2009. Seed size, more than nutrient or tannin content, affects seed caching behavior of a common genus of Old World rodents [J]. Ecology, 90 (11): 3023 - 3032.

WANG B, CHEN J, 2012. Effects of Fat and Protein Levels on Foraging Preferences of Tannin in Scatter - Hoarding Rodents [J] . PLOS ONE, 7: e40640.

WANG B, YANG X L, 2014. Teasing Apart the Effects of Seed Size and Energy Content on Rodent Scatter - Hoarding Behavior [J] . PLOS ONE, 9 (10): e111389.

WANG B, YE C X, CANNON C H, et al. , 2013. Dissecting the decision making process of scatter - hoarding rodents [J] . Oikos, 122 (7): 1027 - 1034.

WAUTERS L A, CASALE P, 1996. Long - term scatter hoarding by Eurasian red squirrels (*Sciurus vulgaris*) [J]. Journal of Zoology, 238 (2): 195 - 207.

WHITHAM C T G, 1991. Indirect Herbivore Mediation of Avian Seed Dispersal in Pinyon Pine [J]. Ecology, 72 (2): 534 - 542.

XIAO Z, CHANG G, ZHANG Z, 2008. Testing the high - tannin hypothesis with scatter - hoarding rodents: experimental and field evidence [J]. Animal Behaviour, 75 (4): 1235 - 1241.

XIAO Z, GAO X, STEELE M A, et al., 2009. Frequency - dependent selection by tree squirrels: Adaptive escape of nondormant white oaks [J]. Behavioral Ecology, 21 (1): 169 - 175.

XIAO Z, JANSEN P A, ZHANG Z, 2006. Using seed - tagging methods for assessing post - dispersal seed fate in rodent - dispersed trees [J]. Forest Ecology and Management, 223: 18 - 23.

XIAO Z, WANG Y, HARRIS M, et al., 2006. Spatial and temporal variation of seed predation and removal of sympatric large - seeded species in relation to innate seed traits in a subtropical forest, Southwest China [J]. Forest Ecology and Management, 222 (1): 46 - 54.

XIAO Z, ZHANG Z, 2006. Nut predation and dispersal of Harland Tanoak *lithocarpus harlandii*, by scatter - hoarding rodents [J]. Acta Oecologica, 29 (2): 205 - 213.

XIAO Z, ZHANG Z, WANG Y, 2004. Dispersal and germination of big and small nuts of *Quercus serrata* in a subtropical broad - leaved evergreen forest [J]. Forest Ecology and management, 195 (1 - 2): 141 - 150.

XIAO Z, ZHANG Z, WANG Y, 2005. Effects of seed size on dispersal distance in five rodent - dispersed fagaceous species [J]. Acta Oecologica, 28 (3): 221 - 229.

YANG Y, YI X, YU F, 2012. Repeated radicle pruning of *Quercus mongolica* acorns as a cache management tactic of Siberian chipmunks [J]. Acta Ethologica, 15 (1): 9 - 14.

YI X, YANG Y, CURTIS R, et al., 2012. Alternative strategies of seed predator escape by early - germinating oaks in Asia and North America

[J]. Ecology and Evolution, 2 (3): 487-492.

YU F, WANG D X, YI X F, et al. , 2014. Does Animal-Mediated Seed Dispersal Facilitate the Formation of *Pinus armandii*-*Quercus aliena* var. *acuteserrata* Forests? [J] . PLOS ONE, 9 (2): e89886.

ZHANG H, CHEN Y, ZHANG Z, 2008. Differences of dispersal fitness of large and small acorns of Liaodong oak (*Quercus liaotungensis*) before and after seed caching by small rodents in a warm temperate forest, China [J]. Forest Ecology and management, 255 (3): 1243-1250.

ZHANG H, CHU W, ZHANG Z, 2017. Cultivated walnut trees showed earlier but not final advantage over its wild relatives in competing for seed dispersers [J] . Integr Zool, 12: 12-25.

ZHANG H, LUO Y, STEELE M A, et al. , 2013. Rodent-favored cache sites do not favor seedling establishment of shade-intolerant wild apricot (*Prunus armeniaca* Linn.) in northern China [J] . Plant Ecology, 214 (4): 531-543.

ZHANG H, YU W, ZHANG Z, 2011. Responses of seed-hoarding behaviour to conspecific audiences in scatter- and/or larder-hoarding rodents [J] . Behaviour, 148 (7): 825-842.

ZHANG H, ZHANG Z, 2007. Key factors affecting the capacity of Davids rock squirrels (*Sciurotamias davidianus*) to discover scatter-hoarded seeds in enclosures [J] . Biodiversity Science, 15: 329-336.

ZHANG Y F, WANG C, TIAN S L, et al. , 2014. Dispersal and hoarding of sympatric forest seeds by rodents in a temperate forest from northern china [J] . iForest-Biogeosciences and Forestry, 7: 70-74.

图书在版编目（CIP）数据

张广才岭森林啮齿动物分散贮食行为与策略 / 李殿伟著 . —北京：中国农业出版社，2023.8
ISBN 978-7-109-31258-6

Ⅰ. ①张… Ⅱ. ①李… Ⅲ. ①森林动物－啮齿目－食物贮藏－研究 Ⅳ. ①S718.65②Q959.837

中国国家版本馆 CIP 数据核字（2023）第 197927 号

中国农业出版社出版
地址：北京市朝阳区麦子店街 18 号楼
邮编：100125
责任编辑：刁乾超　　文字编辑：陈　灿
版式设计：李　文　　责任校对：吴丽婷
印刷：北京通州皇家印刷厂
版次：2023 年 8 月第 1 版
印次：2023 年 8 月北京第 1 次印刷
发行：新华书店北京发行所
开本：850mm×1168mm　1/32
印张：5.75
字数：200 千字
定价：38.00 元